任性出版

無印良品ではじめる新しい習慣

我的無印良品新生活

連無印人都先留著自用的182款MUJI居家好物

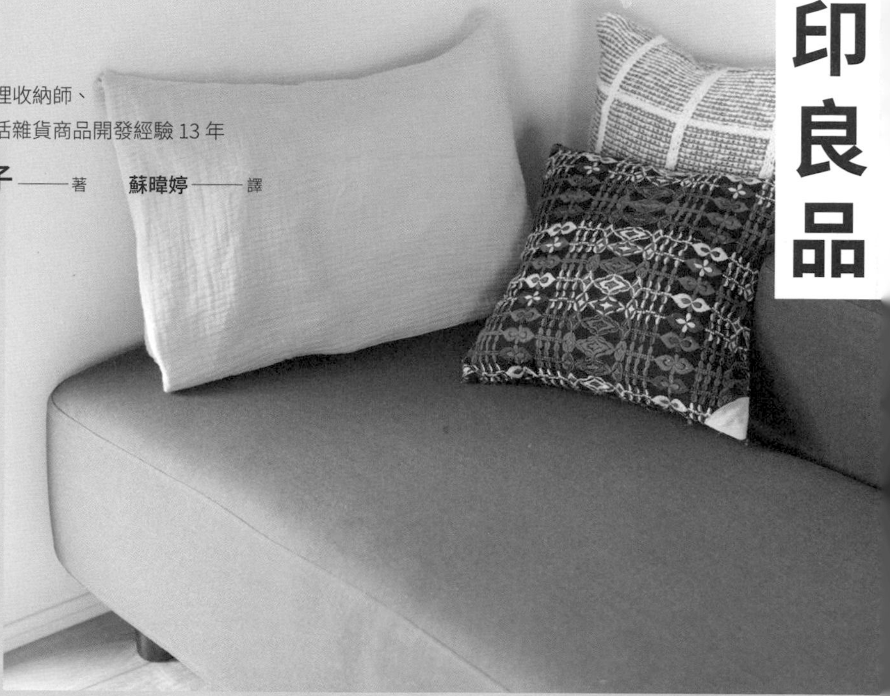

日本一級整理收納師、
無印良品生活雜貨商品開發經驗 13 年

水谷妙子——著　**蘇暐婷**——譯

第一本由無印人親寫的MUJI生活風格書！

目次

無印最強生活小物 88

PART 2

享受吧，一個人也很美好的無印生活

PART 3

半透明收納術，打造不用找東西的家

PART 6

世界這麼煩，當然要對自己好

＊本書刊登之商品資訊統整於全書最後，關於內文說明請參閱商品名稱後標記的頁碼。

推薦序一

整理整頓，生活的儀式感

作家／張維中

日本知名設計師佐藤可士和曾談過他的設計靈感來源，其實是來自於「整理」。他認為好的設計最初是自身所處環境的「空間整理」，做好了以後，才有能力去做「資訊整理」及「思考整理」。

當我在閱讀水谷妙子的《我的無印良品新生活》這本書時，腦海中不斷浮現出佐藤可士和說過的這段話。

《我的無印良品新生活》介紹了最值得入手的一百八十二款無印好物，因為作者水谷妙子曾在無印良品任職十三年，還擁有整理收納師一級的執照，讓這本書成為嚮往在 MUJI HOUSE 生活的粉絲們必收寶典以外，更成為一本居家收納的實用手冊。

在日本的日常生活中，常會用到一個詞彙叫做「整理整頓」。在日文漢字的語意中，「整理」跟中文的理解一樣，是將紊亂的事物「理」出一個整齊乾淨的狀態。不要的東西丟棄，需要的留下來，是「整理」的重要手續。而完成整理之後的「整頓」，在語意上有調整、安排的意味，就是為那些已經整理好的東西，排列配置出最正確、最容易理解，且最方便取出及放回的收納位置。**水谷妙子挑出她覺得真正好用的無印商品，藉著善用這些物件「整理整頓」家裡的過程，思考出改造居家空間和收納的技巧。**

在讀這本書時，會發現很多問題都是在她試圖簡化及整理環境時，一邊想，一邊發掘，而當她終於完成改造，或摸索出一個好的流程之後，生活習慣和品質亦有了新的提升，甚至與家人之間的生活，都有了更好的互動。我想，這一切就接近於佐藤可士和所說的那段話，雖然水谷妙子**不是在談設計，卻也重新設計了自己的生活。**

你總是覺得無法久待在家裡嗎？或者即使能待在家，卻總感到心煩意亂？看著堆積如山的雜物、爆滿的衣櫃、亂七八糟的冰箱，動過念頭想要好好整理，可是卻日復一日無法實踐。你喜歡翻閱日本居家空間設計雜誌，愛逛家具賣場打造的樣品屋，然後不禁懷疑明明都是差不多的空間，但為何清爽的日子總是別人的？如果你有以上這些「病狀」的話，處方箋就在《我的無印良品新生活》這本書裡了。

翻讀這本書，我經常忍不住露出會心一笑。同樣身為無印粉的我，實在太明白水谷妙子喜歡那些 MUJI 好物的理由。**我們都在乎生活中的某些儀式感，而透過無印良品，儀式感令我們在失序的世界中，仍保有安心的秩序。**整理整頓居家空間，也整理整頓我們的心。

推薦序二

開始或繼續，有良品陪伴的美好生活

日本設計觀察家／吳東龍

疫情爆發，改變了我們的工作與生活方式，但若進一步試問改變了什麼？對我來說，是想要「更簡單的生活」。尤其在家的時間多了，加上自炊與外送餐點都十分便利，常常可以一連好幾天待在家裡足不出戶；也因此，窩在家裡時，總是不停的想著該如何讓家裡空間更舒適、更有使用上的餘裕，甚至能如施予魔法般讓空間極大化。

首先，當然是持續「斷捨離」之必要，接著是留下來的物品如何被收納，並保有使用的便利性。**若能讓每件物品有自己的家，減少空間變亂的機會，自然就會省下整理的時間和精力，間接改變我們的生活，甚至能藉由加**

入好的物件，來提升我們的感性層次。

不過，要達到理想中的美好生活，就得先知道有多少工具可以利用，正所謂「工欲善其事，必先利其器」。持續發現好物，是我的工作、也是我的興趣。本書作者，也是整理收納師的水谷妙子，從她過去任職無印良品十多年的經驗，在數千件 MUJI 商品裡，挑選出近兩百個改變並使生活更美好的物件。這樣的「選物」概念引起我的好奇，其有趣之處在於窺看著她的眼光（who），用什麼樣的理由（why），挑選出什麼樣的商品（what），如何（how）讓疫情下居家（where）的工作與生活時光（when）得以更好？

原來，我們都喜歡這種創造性很高的工作，**透過一個個物件重新發現並定義它們新的角色，讓生活更簡單、更井然有序**。

例如，作者用聚丙烯檔案盒收納麥克風，就是一個很棒的例子。特別是沒印上 Logo 的商品保有簡潔性，此外還有不會增加視覺負擔，既協調且易配搭的色彩、減少遮蔽性的材質，加上垂直水平的線條能帶來視覺穩定性；

以及用可堆疊、具延伸性的商品規格與穩定的品質，形塑出容許各種可能性的商品特質，這些也都讓生活充滿探索的樂趣，持續賦予商品新的生命。

於是，我將家裡購入十年的 SUS 層架重新排列組合，將堆疊的 PP 盒加上輪子，新購入的聚丙烯平台車讓沉甸甸的足部按摩機可輕巧移動，在冰箱裡放進 PP 化妝盒讓食物分門別類……只要是能讓生活變簡單、變好的方式，都讓人躍躍欲試。

當生活簡單了，然後呢？

精神自由，心靈富足，有更多餘裕追求美好生活。

前言

如果理想生活還在半路上，就逛無印良品吧！

我在無印良品擔任開發生活雜貨超過十三年，以前的我只要缺了什麼東西，一定都會先到無印良品挖寶。例如，當我有清理餐桌的困擾時，就會去逛清潔用品區。其中，我買過一款桌上型掃帚／附畚箕，後來可是好用到連家人都養成了隨手清理餐桌的習慣。

此外，我還在芳香用品區發現了芳香石／附盤（按：此商品官網名稱為芬香石，以下全書統一使用芳香），不必點火、插電，就能享受精油芬芳，看起來很適合初學者，所以我就抱著試試看的心態買下它。

如今，它已是我轉換心情時不可或缺的幫手，每天早晚我都會在芳香石上點精油。

若你也想改變現在的生活，不妨借助無印良品的力量吧！不論是哪一種家庭，無印良品的商品都十分耐用，而且貼近生活。就像每天早上刷牙一樣，帶你迎接嶄新的每一天，讓生活更舒適、自在。

在這本書，我將介紹我推薦的無印良品商品，希望大家也能透過這本書，打造出自己想要的新生活。

我的
無印良品
新生活

1

任何人都可以DIY的無印風格

猶記得三一一[1]大地震時，我在東京池袋的無印良品總公司被困了一晚。當時，公司發放了許多物資給員工。而我除了床墊、被單，還分別從服飾組、食品組那裡拿到了睡衣、咖哩。這令我深深體驗到無印良品真的是包山包海，什麼都賣，更沒想到自己會被無印救了一命。由此不難窺知，無印良品與現代人們的生活密不可分。

尤其是在我離開公司，以整理收納師的身分從事撰稿工作之後，更加體會到大眾對無印良品的青睞。無印良品是一間以原創設計為核心，商品橫跨食品、家具、家電的生活百貨，這種品牌其實並不多見。無印的設計力求簡單無華，因此即使衣、食、住等領域各不相同，風格依然非常一致。此外，無印良品在日本各地都有實體門市[2]，民眾可以實際挑選採購，也是一大優點。

而自疫情爆發以來，因為居家辦公、與家人相處的時間增加，讓很多人開始想要整頓家裡、布置一番，或者打造居家辦公空間。像這樣，想改造一下居住環境時，無印良品唾手可得、一應俱全的便利性，宛如令人安心的後盾——這便是它迷人的地方。

---

1 又稱東日本大地震，發生於二〇一一年三月十一日的大規模災害。

2 無印良品於全世界共拓展超過七百家門市，商品種類更高達七千件以上的品項。

兒童有機棉天竺橫紋短袖 T 恤、兒童棉混輕鬆活動舒適拼接丹寧錐形褲、筆記本（空白）〔p.229〕、擦擦筆〔p.230〕、MUJI 敏感肌化妝水（保溼型／400 ml）〔p.230〕、4 色眼彩／棕〔p.231〕、白玫瑰花束 S〔p.232〕、精油／天竺葵〔p.231〕

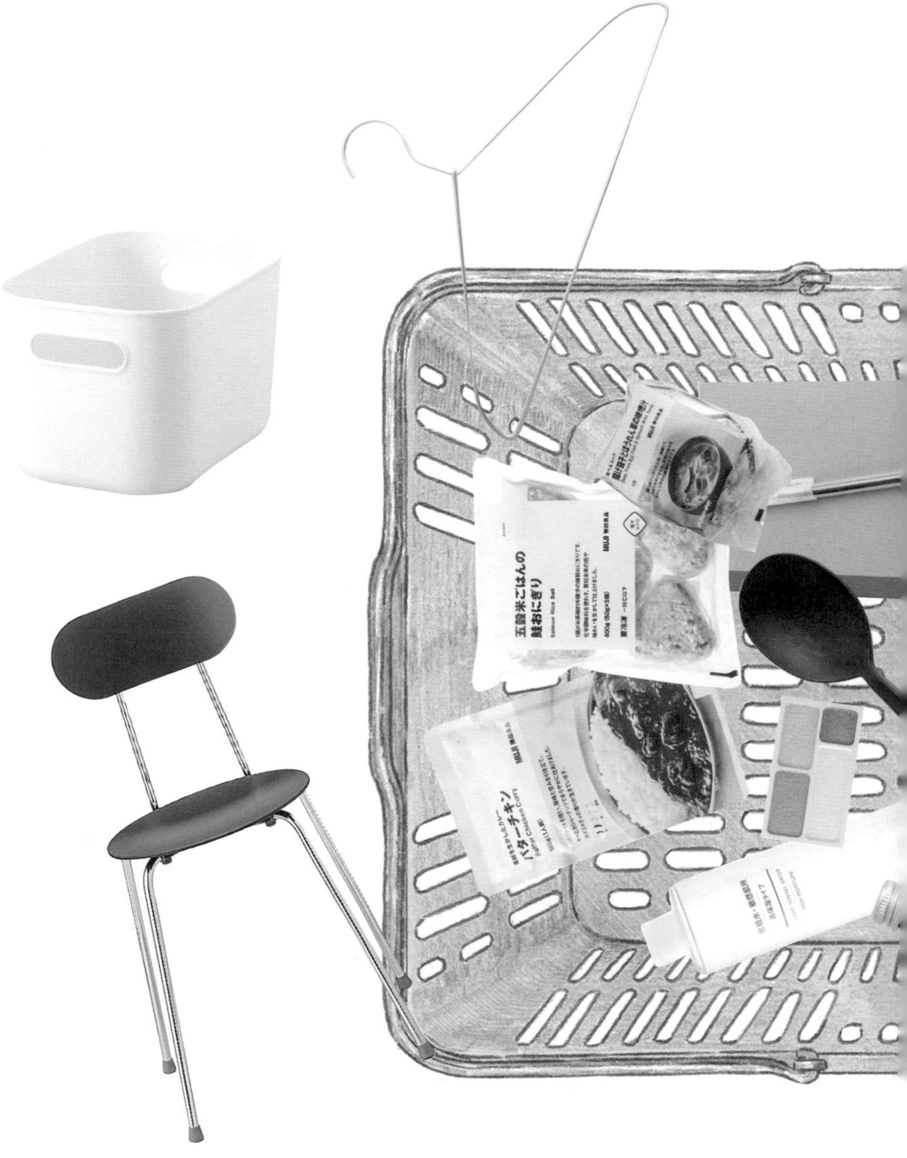

鮭魚五穀米飯糰〔p.226〕、異國咖哩速食包／奶油口味雞肉、沖泡湯塊／茄子菠菜味噌湯〔p.227〕、軟質聚乙烯收納盒／半／中〔p.222〕、矽膠料理匙〔p.223〕、鋁製洗滌用衣架／3 支組、桌上型掃帚／附畚箕〔p.224〕、簡約圓椅、棉鬆餅紋面用巾／薄型〔p.225〕、

萬用百搭，最減壓的居家收納

無印良品的極簡風，來自於對一九八〇年代奢華風的反動。**生活的主角是人，物品只是背景**——基於上述理念，無印良品的產品格外講求簡約樸素及優質。這種不分年齡、性別、興趣、嗜好的堅持，讓無印良品得以去蕪存菁，創造出男女老幼皆適用的國民商品。

貫徹簡單樸素，避免太過突出的特色，才能融入日常生活，因應每一戶住家、每一個人、每一種用法。**對於不善收納、懶得思考的人而言，這種產品不再是「或許用得到」，而是**

真的能派上用場。

換句話說，就是萬用百搭，愛怎麼用就怎麼用。就像一模一樣的檔案盒，我能拿來裝食物，也能擺在洗手臺裝消耗品。往後即使邁入不同的人生階段或是搬家，也會繼續用下去。

而且，**無印的最大優點，就是可以馬上改變收納，不必擔心裝潢上的問題**。生活環境不僅能立即得到改善，壓力也一掃而空，重點是還很耐用。

In the KITCHEN

聚丙烯檔案盒・標準型・寬・1／2〔p.220〕

永遠比你早想一步

無印良品擁有豐富的單品和長銷商品，在許多人心目中，它就像是陪伴你我長大的老朋友，也是最穩定、最令人安心的品牌。

雖然這是一種品牌魅力，但其實無印良品一直持續在蛻變，因此每次都能讓消費者有新的發現。此外，無印良品對環保材質、產品本質的注重，也大幅影響了其展店規畫。

例如，新設立的秤重零嘴區[3]是我近來的最愛，架上共有二十七種餅乾、仙貝、巧克力、汽水糖，價格是每公克四日圓（一次至少要購買

秤重零嘴／可可香草餅乾、開心果香草餅乾、草莓巧克力棉花糖、巧克力大豆、蕃茄米果〔p.227〕。

二十公克，等於八十日圓；此為日本部分門市限定販售（按：全書日圓兌新臺幣之匯率，皆以臺灣銀行在二〇二二年四月公告之均價〇．二三元為準，一次購入約新臺幣十八．四元））。可以盡情挑選喜愛的零嘴，實在太令人滿足了，還能避免吃不完而浪費；一旁也有賣包裝束口袋，拿來送禮或回禮也都很適合。

此外，無印良品也嘗試了新的挑戰，像是在店內增設飲水機，讓客人免費裝水（按：全臺最大MUJI旗艦店美麗華門市有引進此服務），以及提供家具租賃服務[4]等。消費者潛在的需求、各種貼心的服務，無印良品都一一實現。

無印良品總是那麼敏銳，不僅快速掌握人們生活的變動，還早一步為大家設計出商品。於是，下個階段的生活模式與新習慣，就此誕生。

3 可自選口味，以秤重計算零食、糖果。日本無印良品於二〇二一年新設立的購物體驗，在全國多達四十六家門市皆有販售。

4 日本無印良品自二〇二〇年推出的服務，讓民眾可以自行決定租賃時間。目前僅開放日本當地使用。

每天都是新的一天

在我們家，家務事和育兒都是採分工制——先生負責早上，我負責晚上。現在我們已經非常有默契，只要合作無間，就能擁有各自的時間。雖然先生目前是每週兩天在家工作，以後的生活也可能會有變化，但以下就先來介紹我們家一天的日常。

Morning ／ 利用早晨做家事

鋁製洗滌用衣架／3 支組〔p.224〕

5:20

洗衣服、準備幼兒園物品

起床後，第一件事就是打開窗戶，讓房間的空氣流通。接著煮一壺麥茶，開始洗衣服。把前一天的髒衣服洗乾淨之後，襯衫、褲、裙會特別掛在室內晾乾；前一天晾乾的衣物則是收到孩子的房間。一邊摺衣服、一邊幫孩子準備幼兒園的物品。

壓克力隔板／小〔p.222〕

5:40

收拾洗碗機

準備做早餐，把食材從冰箱裡拿出來，放到廚房吧檯，然後再將前一晚洗好的餐具收納至後方櫃子。趁大女兒和大兒子起床前辦公，待辦公結束後幫植物澆水。

7:10

一起 來吃早餐吧！

鮭魚五穀米飯糰、
醬油炸雞〔p.226〕

先生一邊煮早餐，一邊幫孩子們用保溫瓶裝麥茶。通常這個時候，小兒子和我也起床了，全家一起吃早餐。餐點大部分是飯糰、炸雞、水果，有時也會烤起司吐司或鬆餅。拜疫情所賜，每天的菜單都很豐富。

8:00

上幼兒園前

吃完早餐後，幫孩子們打點一番，送大女兒去上學。**如果孩子房裡的玩具扔得到處都是，就由孩子們自己收拾乾淨，媽媽絕不收爛攤子**。接著，送兩個兒子去幼兒園。

棉麻聚酯收納箱／長方形／中、軟質聚乙烯收納盒／半／中〔p.222〕

8:25

簡單打掃環境

拿吸塵器和除塵撢吸地板、撢掉灰塵，沙發也用地毯清潔滾輪簡單清理一遍。自從居家時間變長以後，家裡就一定會擺花。

（賞花是小確幸）

☼ Daytime ／ 居家辦公與自己的時間

8:45

開始辦公

一邊用手機收聽社群平臺，一邊處理電子郵件。確認行程和今日待辦事項，並且從優先度高的工作做起。旁邊一定備有紙筆，以便整理思緒或記錄靈感。

再生紙週刊誌漫畫筆記本・迷你、PP 兩段式鉛筆盒〔p.229〕

速食湯拌飯／韓式辣牛肉野菜湯〔p.227〕、山毛櫸木製餐桌匙、竹筷子10 雙組〔p.226〕

12:00

一個人的咖啡館

即使夫妻倆都在家工作，午餐照樣會分開吃，如此才可以享受一個人自由自在的時光。不過，午餐我是不開伙的，僅用微波爐加熱調理包和冷凍白飯，然後我還會多買一些韓式、中式料理等調理包，輕鬆享用咖啡館風格的簡餐。

有機棉水洗牛津布立領襯衫、POOL IROIRO NO FUKU 包覆半身裙／（IDÉE）、POOL IROIRO NO FUKU 外套／（IDÉE）〔p.228〕

（新布置的衣架）

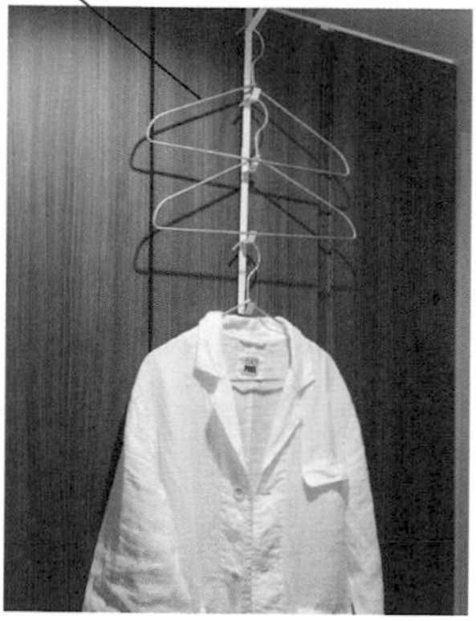

鋁製洗滌用衣架／3 支組〔p.224〕

12:40

跑外勤

除了公司內部開會以外，有時我也會出門採購工作上需要的收納用品。為了避免將病毒、花粉帶到室內，我在門口布置了直立式衣架，一回家就先把上衣掛起來。手洗乾淨後，再整理皮夾裡的收據。

☼ Night ／ 陪伴家人的浪漫小時光

矽膠料理匙〔p.223〕

18:00

煮晚餐

孩子放學後，陪他們一起洗澡，吹完頭髮就六點了。晚餐一菜一湯，通常是一道主菜搭配料多味美的味噌湯。為了減少清洗鍋具的數量，料理匙則是一匙多用。用餐完畢後收拾乾淨，將餐桌周圍簡單清理一遍。

19:00

整理學習單

趁大女兒寫作業的時候，整理學校或補習班發下來的學習單，把不需要的扔掉，只留下重要的。這類資料只會越來越多，所以每天都得整理。同時，開始洗今天的第二批衣服。

壓克力夾板／A4 用〔p.229〕、手邊照明折疊燈〔p.225〕

19:45

睡前的手作時光

由於孩子們喜歡畫畫、摺紙，不知不覺就養成了飯後一起做美勞的習慣。心情不錯時，我們會一起晾衣服。接著，再哄孩子入睡。

塗鴉紙捲〔p.230〕

21:00

放下手機，我們聊聊吧！

孩子們入睡後，是夫妻倆喝茶聊天的時光。自從因為疫情開始居家辦公以後，和家人聊天的時間也變多了，有時會配茶、有時吃冰淇淋，無所不聊。

低咖啡因伯爵茶茶包〔p.227〕、美濃燒蕎麥豬口杯、萬古燒蕎麥豬口杯（Found MUJI）〔p.226〕

21:15

洗澡時，順手清潔浴室

我家規定最後洗澡的人負責掃浴室。為了讓大家都輕鬆，浴室裡備有長柄刷子，除了能避免腰瘦背痛，也能輕鬆去除浴缸的髒汙。排水孔的過濾網也會定期更換。

21:00

在睡前適度放鬆身體

因為防疫生活，我養成了健身的習慣，開始花更多時間與身體對話。睡前我會用瑜伽滾輪放鬆筋骨，穿寬鬆的睡衣伸展起來非常方便。我還會播音樂、點精油，幫助自己放鬆。

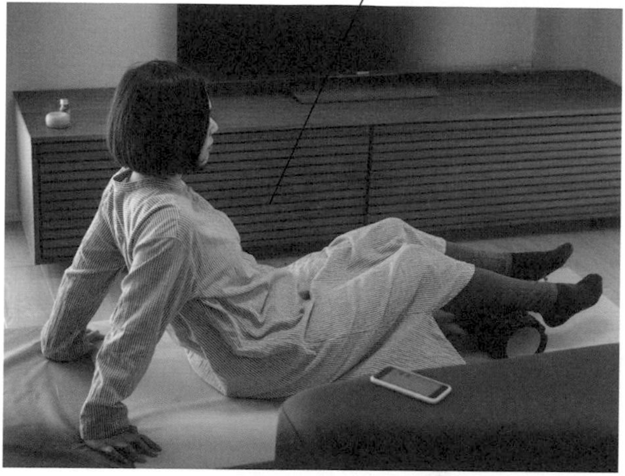

有機棉無側縫二重紗織庫塔長上衣〔p.228〕

桌遊

陪伴家人的時間變多以後，大富翁、拼圖等桌遊也重出江湖！矮桌成了我家的新寵兒，除了能席地而坐，對學齡前的小朋友來說也不會太高。而且，桌腳還可以折疊收納。

松木矮桌／可折疊〔p.225〕

PART 1

惱人家事，就用無印便利小物

光是這兩年生活環境的變化，就令家事增加不少。像是得頻繁清洗布口罩和毛巾、自備購物袋等。

此時，我會借助便利小物的力量，盡量減輕負擔。舉凡料理、打掃、洗衣等，很多家事工具都有長足的進步，用起來越來越方便。

一匙三用，節省收納空間

以前我是標準的外食族，現在則是盡量自己煮。但為了避免一整天都耗在廚房裡，因此我們家煮飯也是採分工制——我老公負責早餐，而我負責午餐和晚餐。

中午我大多會用微波爐簡單解決一餐，通常只有晚餐才開伙。菜單基本上是一菜一湯，二十分鐘就可以完成。烹飪工具則愛用矽膠料理匙（第二二三頁），從拌炒、盛裝到清鍋底，一匙到底，相當省時。

這款料理匙不僅兼具木鏟和湯杓的優點，硬度和彈性適中，還可以把食材從鍋子邊緣和底部舀起來。淺底設計的湯匙，不論舀醬汁或湯湯水水，兩三下就能裝盤完畢。而且，外觀是黑色的，即使泛黃也看不出來（按：*矽膠*

「具彈性、有深度！
萬用矽膠料理匙。」

一匙三用，一匙到底

是天然材質，使用後應盡快清潔，避免汙漬或染色；當老化或不堪使用時，仍建議定期更新）。

煮飯雖然麻煩，但只要借助工具的力量，就能事半功倍。**有了它，短短二十分鐘，全家人就能享用熱騰騰的飯菜。**

拌炒

一匙三用，
一匙到底

料理匙不僅能炒菜、裝盤，還能把平底鍋或湯鍋清理乾淨。尤其是煮咖哩、燉菜，鍋子洗起來會輕鬆許多。柄的長度介於木鏟和湯杓之間，相當萬用。一根料理匙就能因應各種需求，因此也相當節省收納空間。

盛裝

清鍋底

下班輕鬆煮的調理順序

晚餐是一道主菜配味噌湯。善用材料包，就不必煩惱菜色。所有備料一次切好，開兩口瓦斯爐同時烹調。

冰箱和流理臺很近，食材拿進拿出都方便。後面懸空設計的樹櫃用來放碗盤，吧檯底下則放食品、湯匙刀叉、杯子。

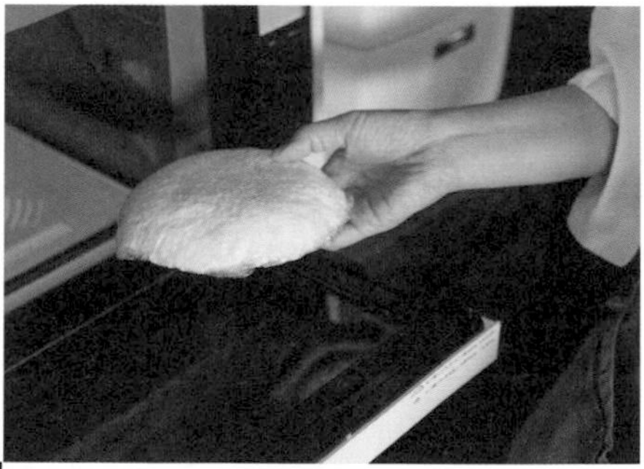

1 加熱冷凍白飯

用微波爐加熱冷凍白飯。事先定好白飯的量（照片約為一杯米的量），就不必為解凍費心。我會每 3 到 4 天煮一大鍋飯。

（用木盤冷凍）

不用保鮮盒，而是用木製深盤〔p.226〕加保鮮膜來冷凍白飯。保鮮膜可以讓白飯保持不沾粘，圓盤狀則能使受熱更均勻。

2 煮味噌湯

用湯鍋煮水，水滾後放入高湯包。

3 選擇主菜的材料包

挑選材料包（照片為「普羅旺斯肉丸」）。材料包為 2 至 3 人份，稍微加點絞肉和蔬菜，就會很豐盛。把主菜、味噌湯要用的蔬菜一起從冰箱取出。

4 備料

將蔬菜洗乾淨，瀝乾後放到砧板上，一次備好主菜和味噌湯的材料。

5 將蔬菜放入味噌湯

取出湯鍋裡的高湯包，依序放入胡蘿蔔、四季豆熬煮。

6 拌炒後燜煮

在平底鍋中，加入肉丸和絞肉，用矽膠調理匙〔p.223〕拌炒。變色後加入蔬菜一起炒，蓋上鍋蓋燜煮。

（連平底鍋都好拿）

平底鍋和湯鍋的蓋子收在瓦斯爐底下的櫃子。用寬度不一的壓克力間隔板／3間隔〔p.222〕讓蓋子一一站好，隨手就可取用。

7 一邊燜煮，一邊完成味噌湯

加入乾燥海帶芽、高野豆腐（按：類似臺灣的凍豆腐）等乾貨，煮滾後倒入已拌勻的味噌。用不鏽鋼攪拌器／小〔p.223〕打蛋，將蛋液倒入湯裡。

＼上菜！／

8 調味

打開平底鍋的蓋子，加入材料包附的番茄醬調味。最後，用矽膠果醬匙〔p.223〕再舀一點番茄醬提味。

專為小手女生設計的攪拌器

我煮一頓晚餐，大約會花費二十分鐘，但如果時間上有餘裕，偶爾也會煮兩道菜。

第二道菜通常不是南瓜泥，就是沙拉。搗南瓜泥時，我會用小尺寸的不鏽鋼搗碎器（第二二三頁），因為它輕巧又靈敏，很快就能搗碎均勻，而且既不占空間又方便清洗。打蛋、調醬汁時，則會用小尺寸的不鏽鋼攪拌器（第二二三頁）來攪拌。

為什麼要選這款攪拌器？原因很簡單，因為我不會每天做大量的馬鈴薯泥，所以只要選擇小尺寸的攪拌器就可以了。

要從茫茫廚具海中，挑選合適的配件並不簡單，一不小心就會盲從他人，例如：搗碎器和攪拌器要越大越好。此時，若能仔細思考「哪一種才符合我的需求？」再來挑選，做菜就能事半功倍。

適合女生拿，攪拌起來很順手。旋轉速度快，鬆餅粉和水很快就能拌勻，也可以拿來做果凍。

使用超過 10 年。造型是波浪型不鏽鋼，相當堅固，比網狀搗碎器更好清洗。

聚丙烯檔案盒，裝調理包剛剛好

以前我是不煮飯的，但在居家防疫期間，卻得一口氣煮五人份，因此光是採買食材就傷透腦筋。只要一不小心多買了，冰箱就會塞不下……。

其中，最讓我困擾的，就是蔬菜爛得快，又吃不完。某天我靈機一動，決定做成醬菜，便買了發酵糠床，沒想到孩子們竟然吃下了他們討厭的胡蘿蔔！現在家裡的醬菜種類越來越豐富，其他還有小黃瓜、蕪菁（按：又稱大頭菜，在臺灣較少見）、白蘿蔔等，負責做早餐的先生也因為多了一道菜而眉開眼笑。學會如何消耗食材後，就不必再為整理冰箱頭痛了。

但另一方面，隨著乾貨、調理包食品越囤越多，也不得不重新規畫收納空間。於是，我又買了兩個檔案盒，適度升級一下。

發酵糠床〔p.227〕能迅速醃好蔬菜，而且不必攪拌，不用準備容器，直接裝進袋子裡即可。

聚丙烯檔案盒・標準型・寬・1／2〔p.220〕的寬度有 15 公分，裝咖哩、泡麵剛剛好。

無印良品的冰箱隔間法：PP整理盒＋掛鉤

一天之中，冰箱會開關好幾次，特別是小孩時常開冰箱，因此食材一定得一目瞭然。一打開冰箱門，就要知道哪裡放了什麼、量有多少。

整理冰箱時，我會運用大量PP整理盒4（第二二二頁），並且事先規畫好每一個盒子裡要放什麼。如果把常用的擺在前面，堆在後面的東西就容易放到過期，但這種盒子因為深度夠、可拉取，所以不僅能有效運用冰箱內部空間，也能減少食材過期。

此外，半透明的材質，也能讓所有內容物一清二楚。

蔬果室我用的是具有深度的PP化妝盒（第二二一頁），讓蔬菜立起來，不要重疊。以盒子區隔，食材就不會亂成一團，而且「哪裡有什麼」一清二楚。由上往下看，立刻就能拿到想要的東西。

多虧如此，家人再也沒問：「那個放在哪裡？」材料也幾乎不浪費，省了很多不必要的麻煩。

「深度 34 公分，
放冰箱剛好。」

PP 整理盒 4

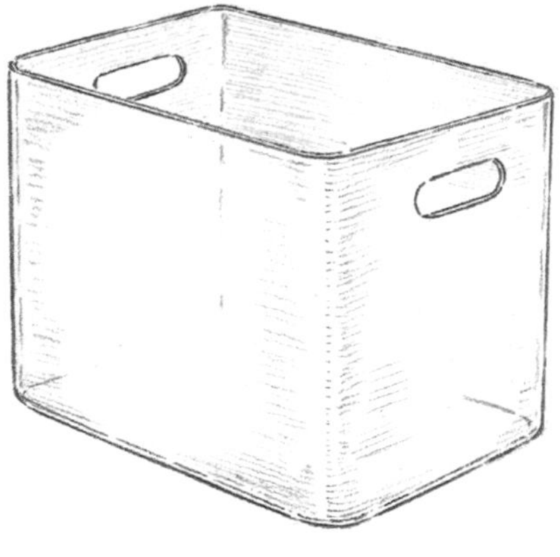

「高度約 17 公分，
蔬菜不會東倒西歪。」

PP 化妝盒

用抽屜盒收納，再裡面都拿得到！

用細長型的盒子，就能從深處取出食材。善用盒子做分類，有的放早餐會用到的東西，有的放味噌湯的材料。

立起來不重疊，蔬菜看得見

蔬菜容易東倒西歪，所以要用盒子裝好立起來，以免堆積如山。盒子的邊緣帶有弧度，放胡蘿蔔、洋蔥也很合適。

冰箱收納

冰箱全家人都會使用，因此收納一定要夠簡單清楚。我**用盒子和掛鉤夾，讓食材一覽無遺。**有間隔、井然有序的冰箱。其訣竅在於，東西不要往上疊，而是收進盒子裡、立起來。用盒子當抽屜，善用內部空間，就能避免東西都堆在前面。

冷藏室

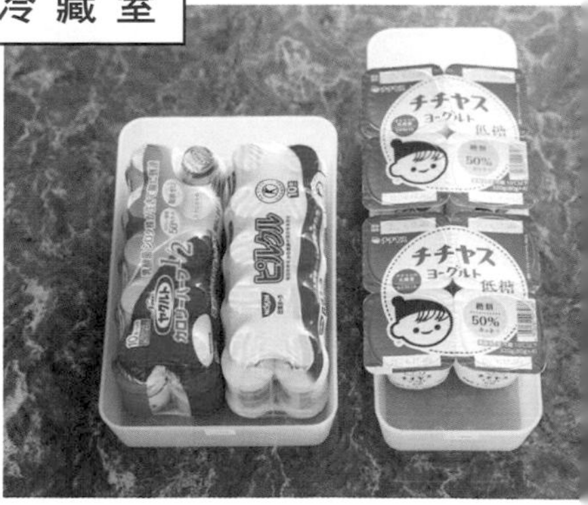

常用的東西要固定位置，採買更輕鬆

每天都會喝的優格和乳酸菌飲料，連同外包裝放進 PP 整理盒 3 和 4〔p.221〕，不僅方便清點數目，也不會錯過採買補貨的時機。

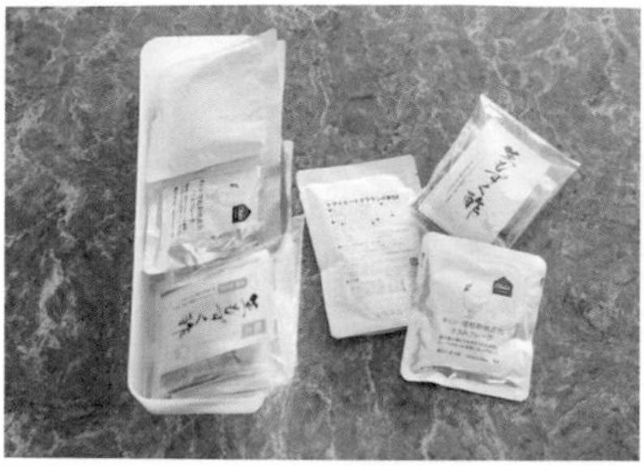

即期品要集中，你才會吃完

將即期品裝進 PP 整理盒 4〔p.221〕，擺在顯眼的地方。煮飯要清冰箱，就可以先從這裡找食材。

味噌湯材料放在一起，方便拿取

我家晚餐天天都少不了味噌湯。將味噌、高湯包、乾燥海帶芽裝進保鮮盒後，再放進 PP 整理盒 4〔p.221〕。連同保鮮盒一起拿取，準備和收拾就能更迅速。

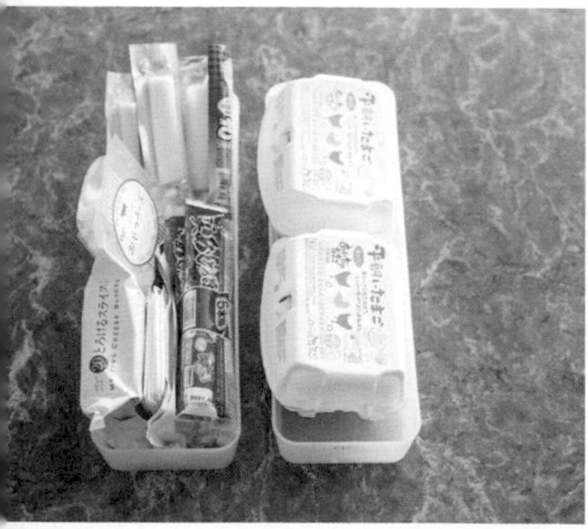

規畫早餐專區，讓早上不再手忙腳亂

只要把起司和蛋等早餐常用食材，裝進 PP 整理盒 4〔p.221〕，便可迅速決定菜色。為了方便先生找食材，我把這些擺在冰箱內最好拿的位置。

冰 箱 門 邊

用書架隔板避免雜亂

冰箱門邊的調味料東倒西歪，會令人很煩躁。因此我放了中型尺寸的鋼製書架隔板〔p.229〕。因為具有一定的高度，因此也有一定的支撐力。

容易搞丟的小包裝，用掛鉤夾吊起來

食品或外帶餐點所附的醬料包番茄醬，用不鏽鋼絲夾〔p.223〕吊起來。放到顯眼的地方，盡量用完。

保留空間，連同鍋子一道冷藏剩菜

微凍室用來保存2到3天內要吃的肉和魚。這裡空間很大，因此我會連同鍋子將剩菜冰進去，或者放特殊食材。冷藏室主要用來收納常備品。

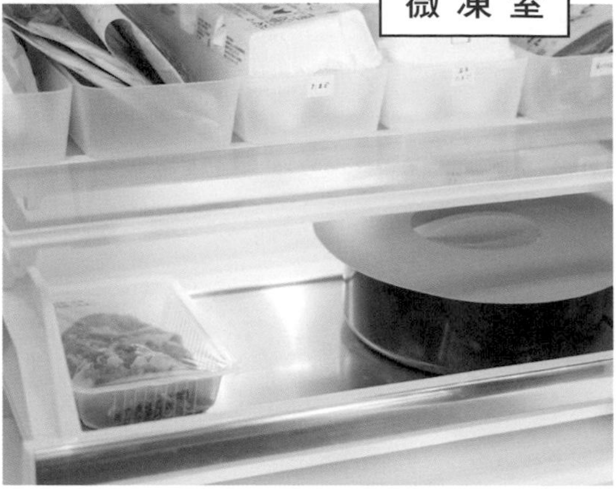

微凍室

冷凍室

用盒子區隔，不讓食材混在一起

冷凍室的抽屜放 PP 化妝盒 1／2 與 PP 化妝盒 1／2 橫型〔p.221〕。冷凍食品一字排開，盡量不堆疊。

碗盤怎麼收納？分成一軍和二軍

煮完晚餐後，裝盤也要迅速解決，畢竟現在經常在家吃飯，如果餐具不好拿，整理起來就會不順手。

碗盤我會分成一軍（平常會用的）、二軍（偶爾才用的），收納在廚房後面的懸空櫥櫃。內部空間分成前後兩半，一軍放前半、二軍放後半。後半用壓克力隔板／小（第二二二頁）架高，哪裡有什麼便一清二楚。此外，由於壓克力材質本身具有一定的硬度，加上一體成型，比常見的鐵網架堅固許多，因此拿取都很順暢。

至於杯子，我是按分類收納至PP整理盒4（第二二二頁），依用途一次取出。這種盒子強度夠、很穩，即使是深處的杯子，也能輕鬆取出。像一條條鐵軌一樣，在櫃子裡多擺幾個盒子，杯子排排成列，整齊又美觀。

「材質夠硬，擺碗
盤也不會塌陷。」

壓克力隔板／小

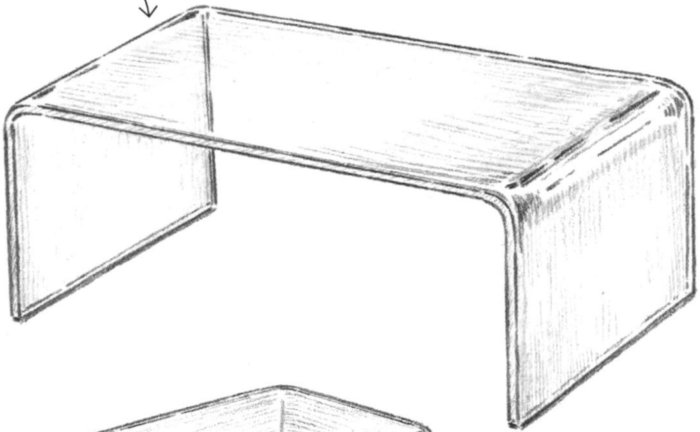

「厚度約 3 公釐，
細長卻不易變形。」

PP 整理盒 4

櫥櫃
分上下兩層，
避免過度堆疊

擺放隔板，善用後半的空間，就能避免碗盤過度堆疊，方便單手拿取。透明的隔板不會擋住視線，碗盤一清二楚。

輕鬆抽出，
迅速拿取

厚度 3 公釐的盒子很堅固，即使用來裝杯子，也不易變形。而且，可以迅速抽出。

碗緣弧度讓食物不易外灑掉落。
筷子都用同一款，隨時有備用品可替換。

我們家沒有個人專屬餐具

家裡要是有三個小孩，光煮飯就是一項大工程，更何況還得準備碗盤、筷子、杯子、餐巾、茶等物品，有時忙了半天還開不了飯。

尤其是，我最討厭飯菜端上桌，終於要大快朵頤時，聽到有人喊：「少了我的碗！」、「沒有我的筷子！」所以，在我家沒有個人餐具。

家裡的碗一概使用兒童瓷碗（第二二五頁），大人用中型、小孩用小型，這種碗的底座比較寬，穩固且不易翻倒。杯子則是用小孩也能握牢的兒童餐杯（第二二六頁），這款杯子小而輕巧，材質是樹脂，摔了也不會破。大人的筷子是用竹筷子十雙組（第二二六頁），省去湊對的麻煩。

只要全家都用一樣的東西，準備起來就不會太花時間，可以輕鬆愜意的開飯。

附裁線的紙膠帶，家事清楚分工

我會在微波爐上貼上紙膠帶，寫下冷凍白飯解凍的時間。對我而言，熱白飯是每天的例行公事，當然不會忘記，但有時先生就是記不住。因此，家事等聯絡事項，我都會盡量寫下來並標示清楚，以免有人說：「我又不知道。」或是「我忘了！」。其中，最常用的，就是無印的附裁線紙膠帶（第二三〇頁），可以直接撕開，隨時都能用來記錄家事。

我們每天都會騎電動腳踏車，因此定期充電也是重要的家事之一。這個時候，我會用磁鐵片（第二二九頁）做成告示條，並寫上「充電中」，夫妻倆只要有人在幫電池充電，就將它貼在大門上。造型簡單的磁鐵片並不好找，最後我是在無印良品發現它的。

「我不是講過了嗎？」、「你都沒在聽！」……這些夫妻分配家事時常見的爭執，在我家已不復見。透過直接寫下來的方式，我與先生的家事分工又邁進了一大步。

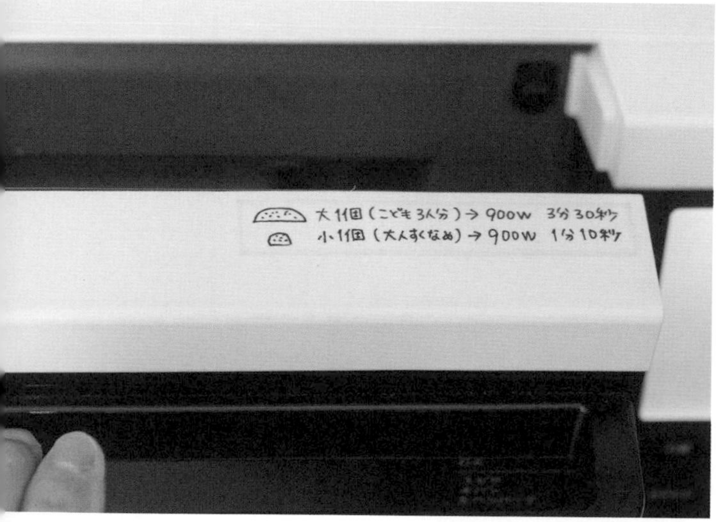

紙膠帶跟家電一樣是白色，能突顯文字。窄版有助於寫字保持工整。每 1 公分都能依縫線撕開，不須仰賴剪刀。

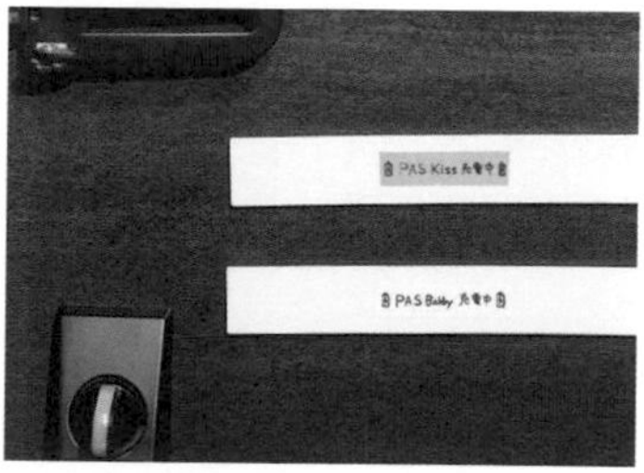

貼在大門上的告示條，會按照腳踏車的種類更換不同顏色的紙膠帶。磁鐵片背後有空隙，指尖一摳，就能輕鬆取下。

桌上型掃帚，不再害怕大掃除

餐桌是我家的活動中心。我們一家人常會聚在餐桌前，有時是畫畫、有時是聊天……有時還會待上一整天，因此桌上經常會有餅乾屑或橡皮擦屑。

這個時候，桌上型掃帚／附畚箕（第二二四頁）就能派上用場。它的畚箕設計非常輕巧，收納空間只要四公分。擺在桌子旁的展示櫃上，哪裡有小垃圾或殘屑，順手就能拿出來打掃。刷子材質則是馬毛混聚丙烯刷毛，具有吸附灰塵的特性，連杯子、文具縫隙的灰塵也能掃得一乾二淨。而且，手掌大小的掃帚，用起來很靈活。

此外，畚箕前端的斜口設計，也有助於集中垃圾。

趁髒汙只有一點時趕快打掃，就不必大費周章的大掃除。有了這個唾手可得的小工具，餐桌就能瞬間清潔溜溜。

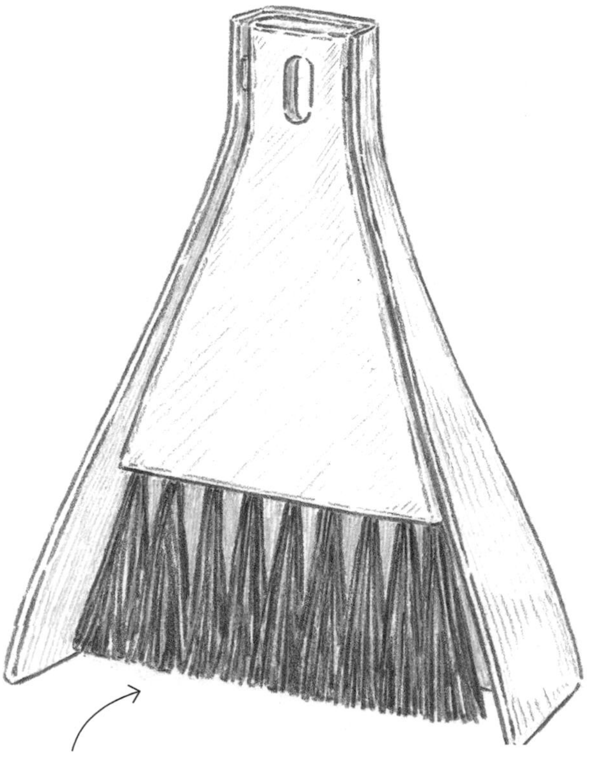

桌上型掃帚／附畚箕

擺在空隙處，順手打掃超省力

使用時只要推一下掃帚、取下畚箕，即可開始打掃。放在客廳的櫃子上，大家坐在餐桌前時，順手就能拿到。

（善用溼紙巾）

燈罩上的髒汙

用溼紙巾清理燈罩上的髒汙，灰塵就不會掉到餐桌上。

架上的灰塵

餐桌旁也隨時備有溼紙巾。發現灰塵就順手抽一張，把架子和飾品擦乾淨。

「不留痕跡，
輕巧不占空間。」

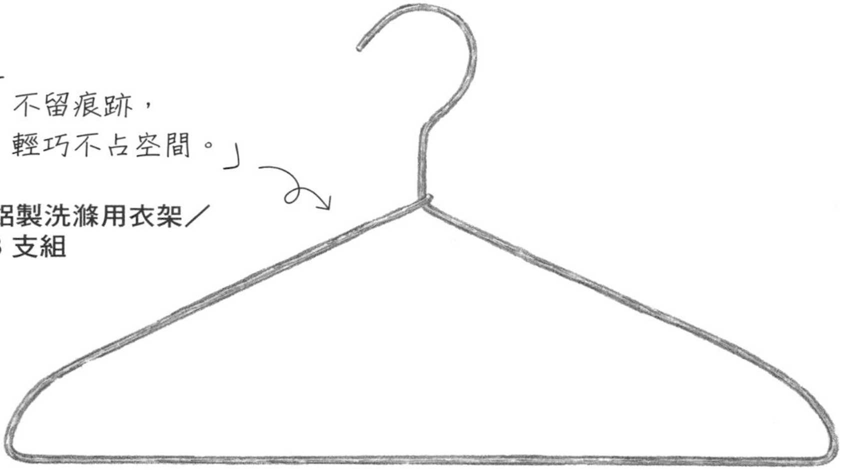

**鋁製洗滌用衣架／
3 支組**

三步驟，洗晒衣服一次到位

孩子們升上新年級、有新的課程時，不是衣服沾到顏料、就是襪子滿是泥巴……因為回家時老是全身髒兮兮的，所以我們家一天會洗兩次衣服，由我和先生分工合作。

為了增進效率，我會將**髒衣服盡量交給洗脫烘洗衣機，靠機器一次到位**。至於容易皺或縮水的襯衫、褲子、裙子，則是用衣架晾乾，免去熨燙的麻煩。

為了把晾乾的襯衫直接放回衣櫃裡，我使用了鋁製洗滌用衣架／三支組（第二二四頁）。這種衣架粗細適中，晾乾後可避免衣物肩部突出的形狀，因此不必更換衣架（按：用傳統鐵衣架，襯衫肩部易有掛痕）。尺寸則是男女裝皆適用的四十二公分，這麼一來，就不用將衣服區分開來。

評估哪些步驟需要手動，減輕洗晒衣服的煩躁感，是輕鬆的不二法門。

（省力小撇步！）

不收回衣櫃裡

我在洗脫烘洗衣機上，擺了一個棉麻聚酯收納箱／長方形／小〔p.222〕，放我自己的襪子和貼身衣物，然後直接從這裡拿來穿。

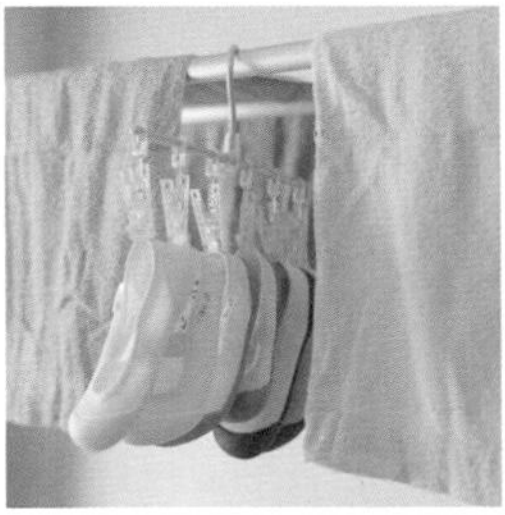

不占空間的直線型衣架

不能烘的室內鞋用鋁製直線衣架〔p.224〕吊起來。這種衣架的設計是一根鋁棍垂掛著許多夾子，適用於室內晾晒等小空間。

衣物不易變形，不必替換衣架即可收納

衣架兩側的弧度正好沿著肩膀而下，袖子可以順順的拉開。鋁製相當輕巧，不論是晾衣服，或者晾乾後收進衣櫥都很輕鬆。

無印良品最強物：薄中厚任選的面用巾

一家五口每天都會用到大量的毛巾，為了減少數量，我們家都是以面用巾代替浴巾擦身體。

因為先生堅持每個人都要有自己的毛巾，所以我買了不同顏色的棉圈絨面用巾（第二二四頁），每個人都有自己專屬的顏色。實行之後，孩子們也認得了自己的毛巾。這種毛巾輕薄易乾，洗一洗晾乾，隔天就能使用，因此一人三條就夠用了。大家可能不知道，**無印良品的毛巾種類非常豐富，除了薄型，也有中厚型、厚型，含不同顏色在內，共有十五種！**

洗手臺的擦手巾則是選用觸感極佳的棉鬆餅紋面用巾／薄型（第二二五頁）。凹凸的格紋布料不僅能柔軟包覆手掌，也很吸水。

毛巾好用與否，取決於厚度與布料的材質。一般人挑選毛巾時往往會比較隨性，但若能依據用途和觸感精挑細選，生活就會更便利舒適。

放在洗手臺擦手的鬆餅紋面用巾。透氣易乾，摸起來很乾爽。

薄型乾得較快，可避免隔天還溼溼的。摺毛巾時，我會把孩子們的毛巾疊在一起，節省時間。

無印白襯衫，上班、家居都百搭

為了免去每天早上不知道該穿什麼的煩惱，上班時我一律都穿白襯衫。因為白色上衣非常百搭，而且節省穿搭時間。如左圖所示，有機棉水洗牛津布立領襯衫（第二二八頁）材質硬挺、整潔俐落，最適合當上班服，而且剪裁寬鬆舒適，利用空檔做家事也不會綁手綁腳。長裙則是「POOL IROIRO NO FUKU[5]」包覆半身裙（IDÉE）（第二二八頁），雖然皺褶很多，但坐下時不怕皺，腰圍的鬆緊帶設計，穿起來既舒適又輕盈。

跑外勤時，我會額外披上「POOL IROIRO NO FUKU」的外套（IDÉE）。帥氣俐落的西裝領，搭配溫暖柔和的麻料，自然而然散發出時尚氣質。

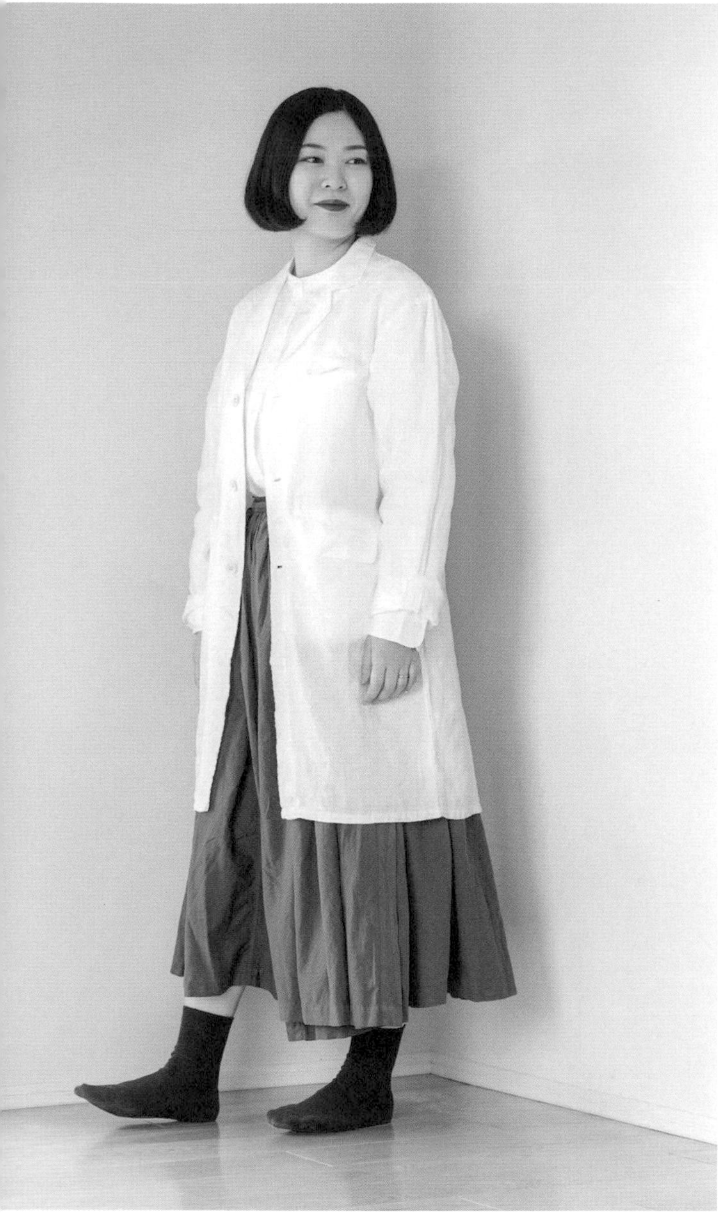

5
無印良品與日系 IDÉE 合作的日常服系列。利用生產過程中所剩餘的布材，經過重新染製，設計成均一尺碼、剪裁寬鬆舒適，且能保留天然素材親膚質感的服飾。

原本我就喜歡舒適寬鬆的衣服。平日白天我都會穿著白襯衫，提醒孩子們：媽媽正在辦公。

PET慕斯分裝瓶，外出洗手更輕鬆

自從二〇二〇年疫情爆發以來，民眾的衛生習慣已大幅改變，大家出門都會戴口罩、勤洗手，回家後也會立刻洗手。

而我自己外出時，都會特別準備一系列的衛生用品，像是攜帶型手指消毒凝膠、攜帶型矽膠漱口杯（第二三一頁）等。凝膠是小罐裝，因為拿取方便，想到時就用一下。進出人潮較多的場所，也會用杯子漱口。這種漱口杯輕薄且彈性適中，方便飲用。口罩則是用EVA夾鍊收納袋／B6（第二二三頁）裝起來，避免口罩暴露在外。

孩子們去公園時，我會將洗手液裝進PET慕斯分裝瓶（第二三一頁）裡。輕按一下，就能迅速起泡，洗手更輕鬆。

隨身攜帶衛生用品，全家都安心——只要做到這點，出門便不再心驚膽戰。

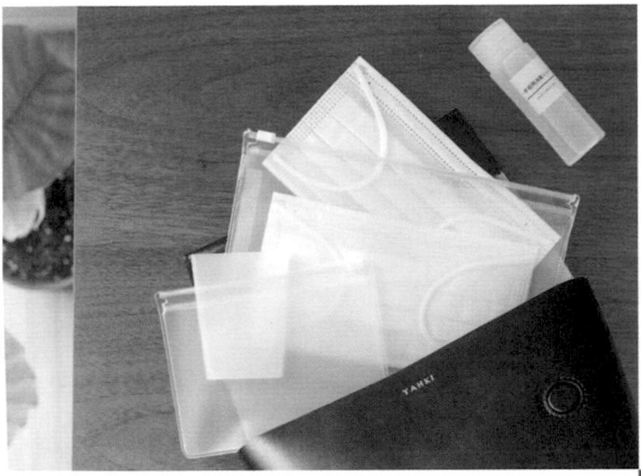

口罩和漱口杯裝進透明夾鍊收納袋，放在隨身攜帶的包包裡。底下是小孩的口罩，裝在剪裁過的透明資料夾，和大人的區分開來。

洗手液加水搓揉不易起泡，但只要裝進慕斯分裝瓶，一樣能形成泡沫，避免小孩洗手失去耐心。

無印托特包，有時尚味的環保購物袋

自從塑膠袋開始收費以後，我們都會自備環保購物袋。但因為負責週末採買食材和日用品的先生非常健忘，所以我在玄關的收納櫃清出了一塊空間，專門放環保購物袋，以免先生出門忘記。

至於環保購物袋，我是用聚乙烯托特包（按：聚乙烯為生活上應用最廣的塑膠，通稱ＰＥ）和迷你托特包（第二二八頁）。雖然這款包包我原本是用來裝小孩出門的隨身用品，但因為它的材質跟野餐墊是一樣的，款式、顏色都很樸素，因此即使帶上街也不會突兀，加上非常耐用、防水，所以也很適合裝飲水或冷凍食品。此外，它還附有長短兩種提把，不管是肩背還是手提，都很方便。若東西快要滿出來，就可以將長提把打結，將包包口束

將環保購物袋放在門口的收納櫃，而不是收進房間。需要採買的日用品放進右邊的空盒裡，讓先生拍照後出門採購。

（集點卡也有自己的家）

在鞋櫃裡，擺放 PP 化妝盒 1／4 橫型〔p.221〕與可堆疊壓克力盒・桌上型・間隔板〔p.222〕，專門放集點卡。

起來。

採買日常必需品，是一項重大的任務。唯有使命必達，生活才不會東缺西缺。

防災配備是日常必需品

大女兒出生以後，為了保護孩子，我做了一番功課，研究如何帶著孩子避難。閒來無事的日子，我們一家人就會騎著腳踏車，勘查附近的災害潛勢地圖（按：指某一地區過去曾發生災害）或避難所。

防災的重點，就在於人生無常——不是挑特定的日子演練，而是在平時就要保持警覺。因此，我們家會像購買日常用品一樣，添購緊急避難包（第二三二頁）。它的包裝就是普通的小紙箱，擺在櫃子角落也不突兀。自從我把它放在家裡，就對防災避難有更多的想法，並且開始思考「還缺什麼？」於是，我又補買了附手電筒的充電型收音機，以及簡易便桶椅。

為了因應緊急時刻的烹調，我還準備了迷你卡式爐及收納盒（第二三二頁）。這種爐子體積小巧，能收進櫃子和避難背包，而且很好攜帶；盒子也相當堅固，不必擔心被壓壞。等孩子們長大，說不定還可以帶去露營！這種樂觀的想法，或許正是防災演練的第一步。

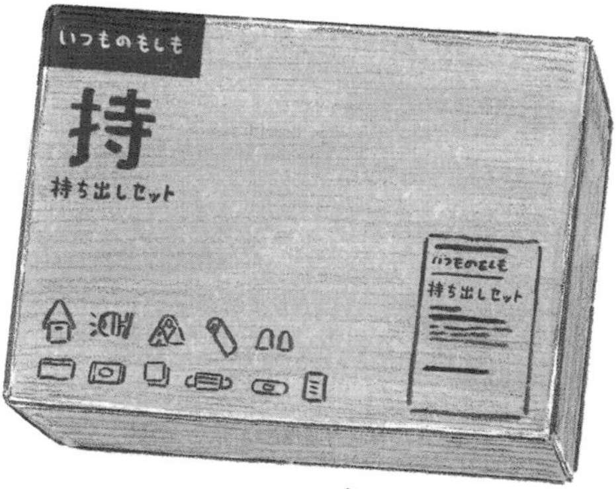

「可自由搭配的基本款。」

緊急避難包

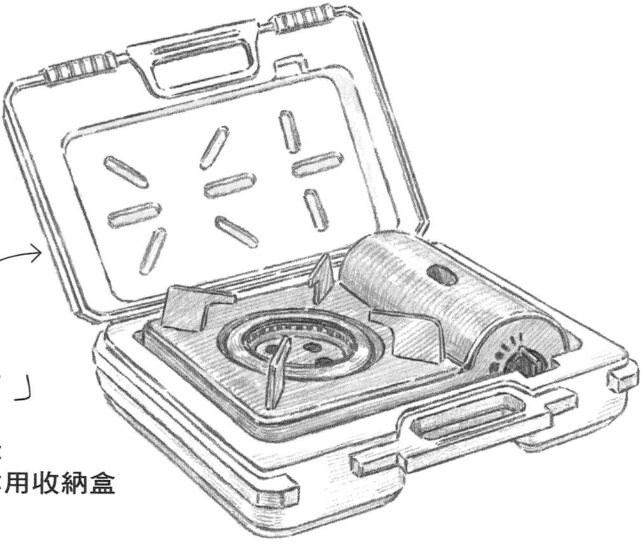

「外型小巧且耐衝擊。」

卡式爐．迷你
卡式爐．迷你用收納盒

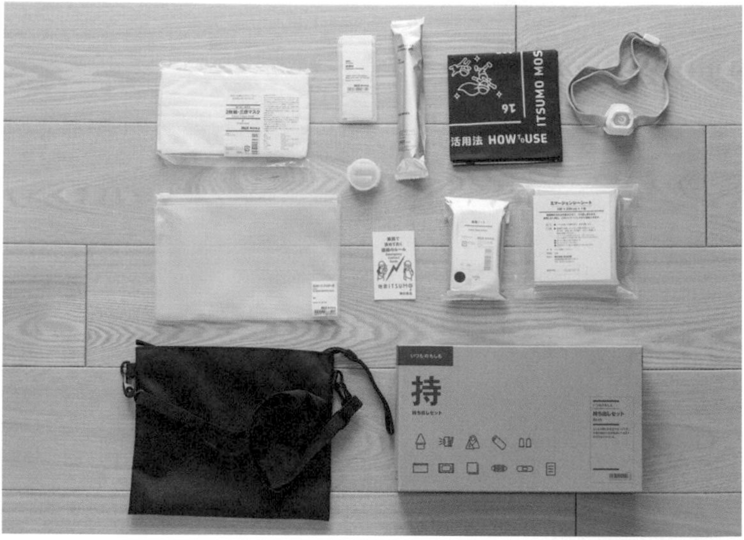

親子避難工具組，放進背包收在門口

內容物包括註明緊急聯絡方式的貼紙、印有用途說明的手帕等，連小朋友都有興趣。放進可減輕肩膀負擔撥水加工聚酯纖維後背包〔p.229〕（底層中央），收在門口的鞋櫃裡。

卡式爐與儲糧
放在同樣的地方，
方便立即食用

櫃子底層收納卡式爐和食品。異國咖哩速食包（蘋果蔬菜、奶油口味雞肉）、沖泡湯塊（秋葵野菜、茄子菠菜味噌湯、豬肉味噌湯）〔p.227〕。

無印最強
生活小物

質感生活！洗碗的小細節

除了午餐我會洗碗，平常家裡的碗都是交給洗碗機清潔。因為瀝碗籃要優先晾保溫杯及塑膠容器，所以一般餐具我會改用手巾墊著晾乾。活潑的圖案與鮮豔的色彩，讓我充滿工作幹勁。

柚木沙彌郎（按：日本型染大師、視覺藝術家）設計IDÉEDaily Cloth（IDÉE）

〔第二三五頁〕

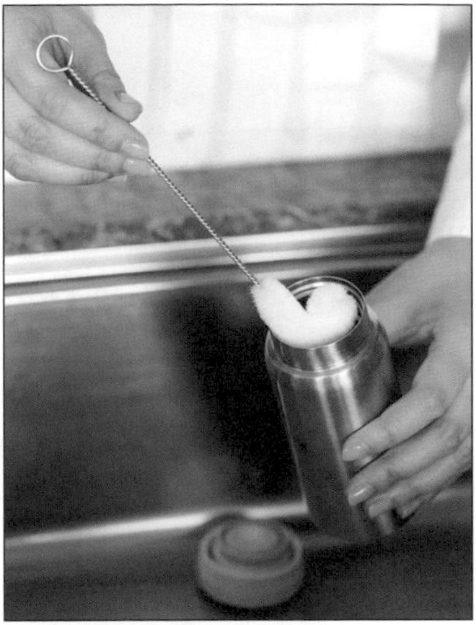

保溫杯迷你清洗專用刷

不論任何季節，外出時我都會攜帶保溫杯，隨時補充水分。因為我用的款式只有兩百毫升，口徑很小，一般市售的洗瓶刷塞不下，因此我買了清理分裝瓶用的小刷子，只要轉動把柄，就能清除髒汙。

分裝瓶清潔刷（第二二四頁）、不鏽鋼保溫杯（第二二六頁）

手帕要用毛巾材質

手帕選擇毛巾材質，就能省略熨燙。照片中的手帕是先生的，已回購好幾條。這款手帕厚度適中，觸感也很柔軟，而且尺寸偏小，可放在褲子口袋裡。

準備好幾條一模一樣的，還能省去挑選的麻煩。

有機棉毛巾手帕（第二二八頁）

浸泡衣物小撇步

有時衣服或室內鞋需要浸泡，但由於洗衣桶實在太占空間，所以我都是用收納盒。

聚乙烯材質防水，提把上的洞還能排水，長方形的設計也便於收納到抽屜裡。

軟質聚乙烯收納盒／中
〔第二三二頁〕

壞掉也不傷荷包的透明補充瓶

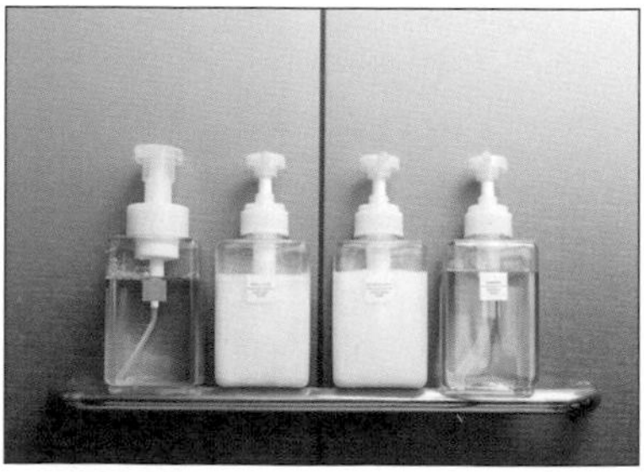

為了省去麻煩，我向來不補充瓶瓶罐罐類，但洗髮精、沐

保養鞋子工具組

鞋子的保養用品很難挑選，但無印良品的鞋油和擦拭布是一組的，不必另外添購。鞋油很好推開，只用少許就能將鞋子清理乾淨。刷子採用豬毛，富有韌性，輕輕擦幾下，鞋面就亮晶晶。

山毛櫸鞋油刷、鞋油／附擦拭布〔第二二四頁〕

浴乳是例外。我會用透明容器裝起來，這樣就能看到用量還有多少。材質是PET（按：polyethylene terephthalate，聚對苯二甲酸乙二醇酯），堅固耐用，也不容易摔破。

PET補充瓶／透明、PET慕斯瓶／透明〔第二二二頁〕

掛鉤的四種妙用

晾洗澡玩具

要晾乾的洗澡玩具，放進不鏽鋼收納籃（寬十五公分）（第二二二頁），用不鏽鋼防橫搖雙鉤掛鉤（第二二三頁）掛在半空收納。

不浪費試用包

拿到的卸妝油、洗髮精等試用包，用不鏽鋼絲夾（第二二三頁）吊起來，不堆在浴室櫃子裡。

放備用衛生紙

備用衛生紙掛在觸手可及的地方，以免上廁所時剛好用完。鋁製S掛鉤／長型（第二二三頁）可以牢牢勾住捲筒，不必擔心掉落。

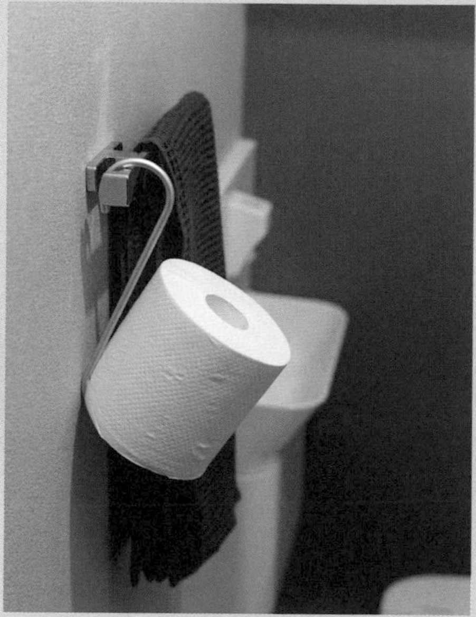

定點管理口罩

為了避免口罩亂扔，我在洗衣間的晒衣桿吊了不鏽鋼防橫搖分岔掛鉤（第二二三頁），將夫妻倆烘乾的口罩掛在這兒。

PART 2

享受吧，一個人也很美好的無印生活

居家防疫時期，每天的生活空間只剩家裡和網路，令人喘不過氣。

因此我會買當季的花和茶，感受季節交替；用各國美食調理包，回味上餐廳的日子……想辦法在生活中融入一點樂趣，替自己打造一個人也很美好的生活。

一個人午餐的儀式感，MUJI調理包

中式、韓式、越式料理……以前在公司上班時，每到午餐時間，我就會到附近餐廳，享受異國美食。但現在因為盡量不外食，便改買現成的調理包。將速食湯拌飯／韓式辣牛肉野菜湯、芝麻味噌擔擔湯（第二二七頁）直接加熱，就可以當一頓午餐。

韓式辣牛肉湯香辣帶勁、料多味美，有牛肉、黃豆芽、紫萁（按：蕨類植物，臺灣較為少見）；也可以自己加上溫泉蛋或泡菜。中華料理擔擔湯則有濃郁的芝麻和味噌香，除了拌飯，有時我也會用來拌麵。這個系列還有臺灣滷肉飯、泰式打拋豬、墨西哥辣豆醬等口味，令人垂涎三尺。

平常煮飯我都是以「孩子們能吃的」為優先考量，其次才是自己愛吃

的。不過，一個人吃午餐，就可以專為自己準備。靠微波就能實現上餐廳的心願，真是太幸福了。

微波好熱騰騰的韓式辣牛肉蔬菜湯，用不刮嘴的山毛櫸木製餐桌匙〔p.226〕即刻開動。午餐只用微波爐，減少洗碗數量，就能馬上展開下午的工作。

喝四季好茶，平淡生活不平淡

有時先生也會居家辦公，我家因此越來越常泡茶。原本沖泡的麥茶改成用煮的，咖啡也從沖泡袋變成現磨咖啡豆。味蕾上的新發現，會讓平凡的日子不那麼平淡。

想替生活製造變化時，我就會到無印良品的茶葉區逛逛（按：良品市場與臺灣店家攜手合作，不定期推出一系列的在地好茶及農產品）櫻花茶、柚子茶、栗子茶，各式季節限定茶款應有盡有，想嘗鮮時便買一、兩包回家。倒入熱水後冉冉飄起的茶香，充滿了季節感，尤其適合轉換心情。喝花草茶時，我會視季節或身體狀況挑選不同口味，因此不易喝膩。

一成不變的生活令人窒息，這時我就會泡杯茶，來一趟小小的冒險。

春天就泡帶有櫻花香氣的茶。無印良品也有賣季節限定的點心，照片中有櫻花年輪蛋糕、銅鑼燒、雪餅（按：以糯米為原料，用醬油調味的日式餅乾）等。

網美必備：無印彩妝盤

從以前我就很喜歡彩妝盤，除了會尋找適合自己的顏色，甚至會嘗試各種流行色，但有些顏色總是用不完。

後來，我在無印良品發現了彩妝盤／SS（第二三一頁）。雖然其他品牌也有類似的產品，可是容量都很大，價格也昂貴許多。但無印良品的

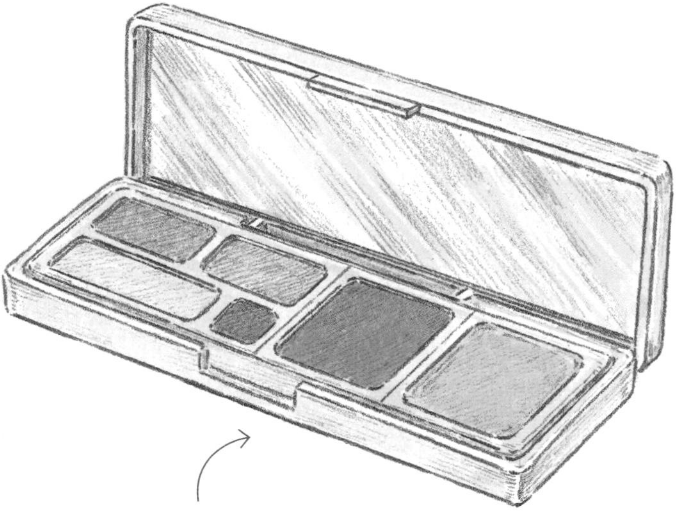

彩妝盤／SS
※眼彩、打底眼彩另售。

眼彩卻是精緻小巧，價格只要六百至八百日圓（四色眼彩，臺灣門市售價為二八〇元），可說是非常經濟實惠。要是買錯或擦膩了，也可以隨時換成別款顏色。而且，這種彩妝盤可以放入三到四種眼彩，選擇色號時，也別有一番樂趣。

妝化久了，往往會流於形式，一成不變。不過，只要有了這個彩妝盤，就能輕鬆嘗試新的顏色。尤其是戴口罩時，一想到只有上半張臉露在外面，就更要挑戰新眼妝，發現不一樣的自己。

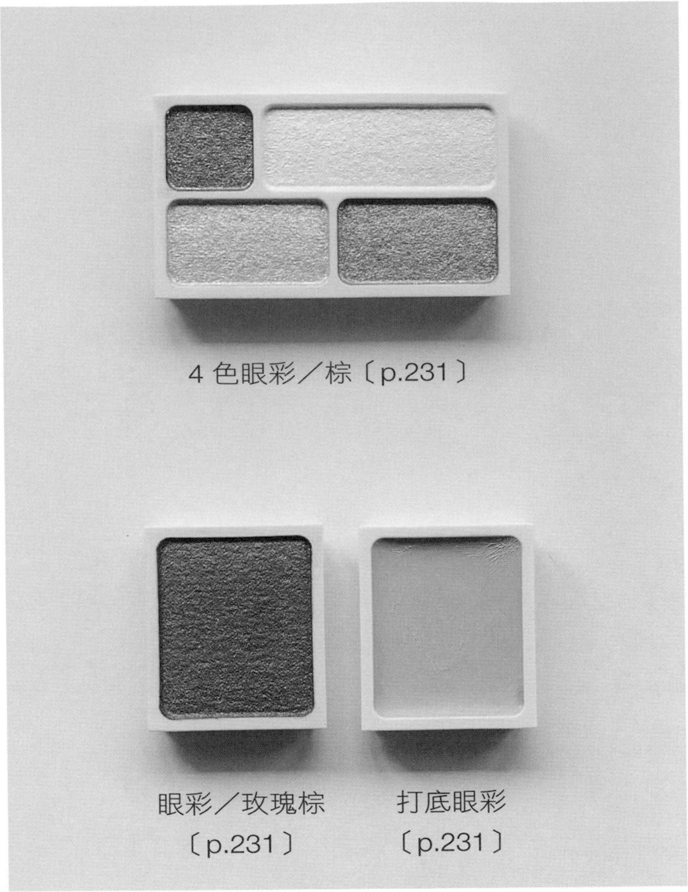

4 色眼彩／棕〔p.231〕

眼彩／玫瑰棕〔p.231〕

打底眼彩〔p.231〕

（可依喜好
慢慢疊加）

顏色清透，
挑戰新妝容不失手

無印良品的眼彩顏色清透，濃淡很好控制，不易失手。加上打底眼彩，顏色會更均勻、持久。此外，也可搭配腮紅、遮瑕膏。

年輪蛋糕、低糖零嘴，來個日系午茶

每年母親節，我都會上無印良品官網買花送給媽媽。無印良品的花束和盆栽每一樣都很美，附贈的卡片也很樸素，深得我心。如第一〇一頁的插圖所示，玫瑰花束可給有小孩的家庭，低糖零食則可送給同輩的朋友。

此外，還有一圈又一圈的巧克力年輪蛋糕，盒子打開時，小朋友一定會驚呼連連；咖哩禮盒則是從四十多種咖哩中，挑選六種或九種，便能免費包裝成禮盒；低糖零食不會太甜、口感綿密扎實。除此之外，無印良品的食品都沒有印價格標籤，非常貼心（按：因應疫情，臺灣 MUJI 推出多款國產零食，例如：番薯脆片、爆米花、法蘭酥等）。

一邊逛網路商店，一邊揣摩對方愛吃什麼，也是一種樂趣。不能隨意見面，那就送點薄禮分享近況吧！

用低糖零食及咖哩送禮，不知不覺就吃完！

由右至左，順時鐘方向：
巧克力年輪蛋糕禮盒〔p.227〕不到一千日圓，價格實惠。
咖哩禮盒內含異國咖哩速食包（蘋果蔬菜、奶油口味雞肉）〔p.227〕等 6 種咖哩，包裝盒很有質感。
低糖零食則有香蕉年輪蛋糕、一口檸檬瑪德蓮蛋糕、巧克力甜甜圈、費南雪蛋糕。裝進有機棉禮物袋（另購），就成了精美小禮物（按：臺灣僅販售「無選別年輪蛋糕 90 g」，口味有蜂蜜、番薯、檸檬、紅茶、咖啡、巧克力等，售價 49 元）。

「配色不挑
季節與場合。」

白玫瑰花束 S
〔p.232〕

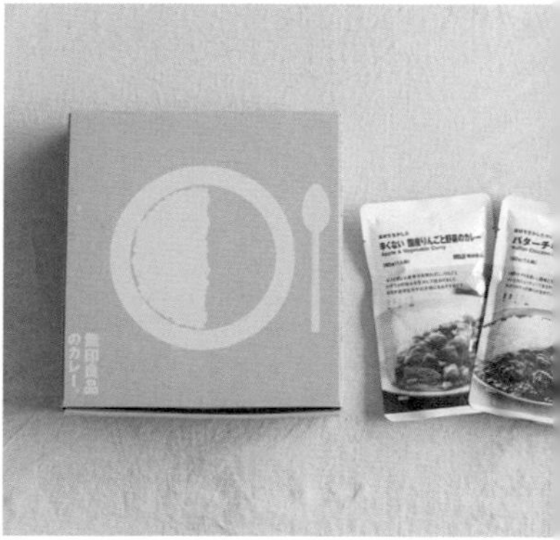

（免費包裝服務）

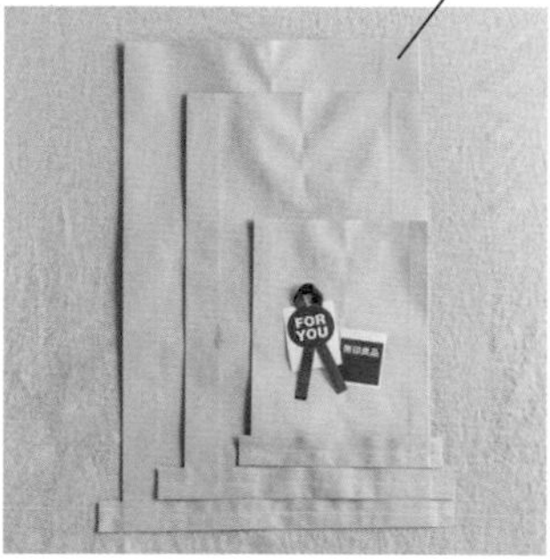

可愛的白色縫線牛皮紙禮物袋，共 3 種。跟櫃檯人員說想要的尺寸，就能免費獲得（按：臺灣門市於結帳時，亦有提供免費包裝服務）。

沒有金屬味的點心叉組

我對湯匙刀叉十分講究，結婚時便從無印良品買了一整套。除了點心專用的不鏽鋼餐具（點心匙、點心叉）（第二二六頁），還有餐桌刀、奶油刀等。這種能融入任何餐桌的平凡造型，令我如痴如醉。

無印良品的餐具都是以符合人體工學來設計，包括握柄的角度、弧度。不論是舀取、插入、擺放、放入口中，所有動作都很流暢。吃果凍或蛋糕時，也沒有金屬特有的味道，能純粹享受食物的滋味。

用了十年卻一點也不顯得老舊，祕密就在於紋路。這套餐具表面刻意研磨了髮絲紋（按：Hair Line，不鏽鋼表面經砂紙拋光後，呈現如頭髮般的直絲條紋），能淡化日常使用的痕跡。即使扔到洗碗機裡嘩啦啦的清洗，也不太會逐年老化，用起來心情總是很好。

美麗的餐具能讓一樣的點心變得加倍可口，還會令人覺得很幸福！

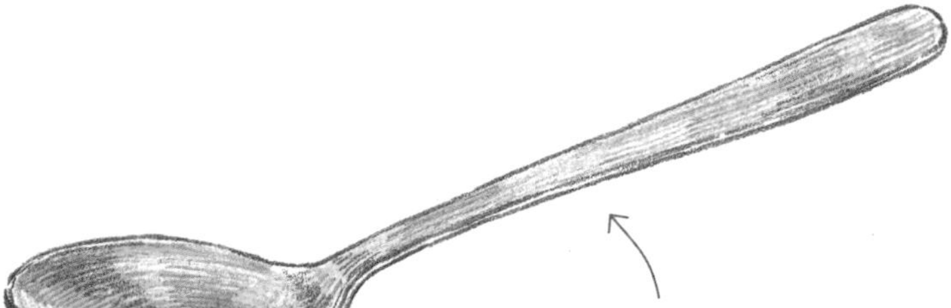

「邊緣圓潤，不刮嘴。」

不鏽鋼餐具／點心匙

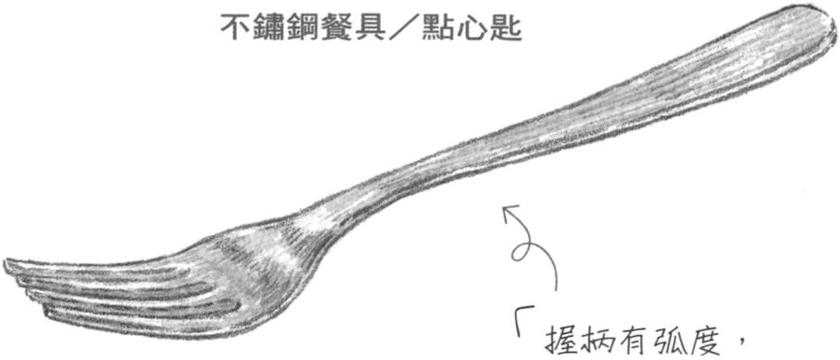

「握柄有弧度，
好握不鬆脫。」

不鏽鋼餐具／點心叉

沒有金屬味，能專心品嘗點心

餐具入口的感覺因作工而易。這套餐具沒有惱人的金屬味和銳角，能單純享受點心的滋味和口感。

（只買喜愛的茶杯）

我心愛的杯子——Found MUJI 美濃燒蕎麥豬口杯、萬古燒蕎麥豬口杯、益子燒蕎麥豬口杯〔p.226〕。尺寸剛好，喝日本茶、紅茶、花草茶等都合適。

泡澡劑與沐浴錠，最享受的獨處時光

老二出生以後，我就和先生輪流照顧小孩，並且持續到現在。先生居家辦公時，晚上九點就寢，早上五點起床；我則是半夜十二點就寢，早上七點起床。

晚上九點到十二點是我的自由時間。我大多會趁這個時間處理剩下的工作，不過偶爾也會泡澡放鬆一下。整天關在家裡，我才明白一個人獨處的時間和空間有多麼重要。

泡澡時，我會添加泡澡劑小包（柚子）以及沐浴錠（洋甘菊）（按：上述商品臺灣現無販售，請見第二三二頁）。清新怡人的柚子香令人神清氣爽，疲勞一掃而空；洋甘菊的甜香芬芳可穩定心神。此外，我還會準備筋骨舒緩按摩器（第二三二頁）按摩手掌和頭部的穴道，舒緩僵硬部位。等到用手機看完一支影片後，也差不多冒出汗了。通體舒暢後，就能充滿活力，繼續為明天的生活打拚。

一次開一包即可，不必擔心用不完。
冬天時若想泡澡，我就會用泡澡劑。

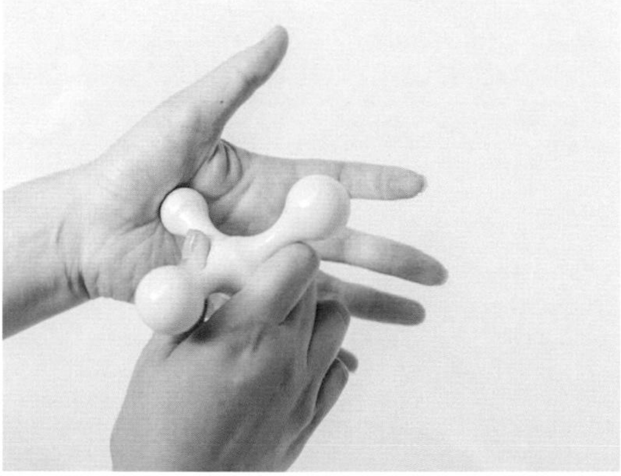

頂端的大小球體可以按摩穴道。形狀好握、容易施力，按起來很輕鬆；也能按摩頭皮和腰部。

PART 3

半透明收納術，打造不用找東西的家

家人願意分擔家事，收納功不可沒。只要收納空間規畫得夠清楚，想找什麼就能一下子找到，不僅能物歸原位，家人也不會一直問東問西。

讓物品一目瞭然，方便拿取，整理居家環境就能輕鬆又省力。

PP收納盒，最能穩定人心的小物

我的最大收納原則就是：「萬一哪天我遭逢意外，家裡依然能夠照常運作」。慶幸的是，在漫長又看不見盡頭的疫情下[6]，這項原則也真的發揮了穩定人心的作用。

首先，就是物品要「看得見」。只要知道東西放在哪裡，不僅家人能自行找到，必要時也能馬上派上用場。

而收納時，絕對少不了聚丙烯檔案盒・標準型・寬・1／2（第二二〇頁）與PP化妝盒／

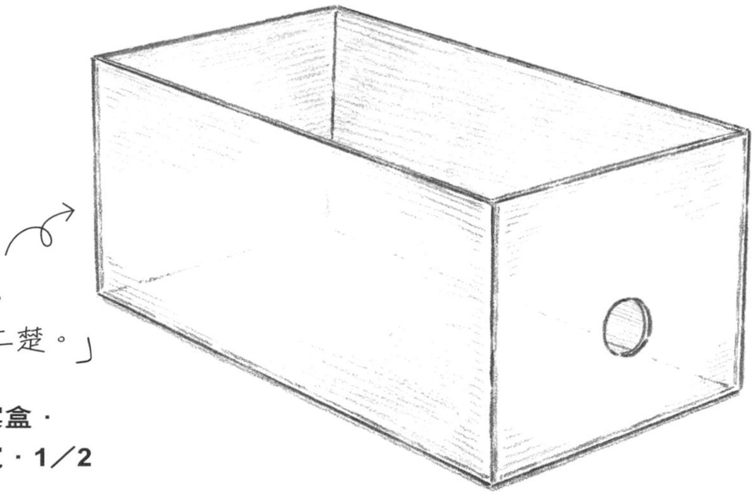

聚丙烯檔案盒・標準型・寬・1／2

1／2橫型（第二二一頁）。

這兩款盒子因為是半透明的設計，因此從側面看就可以看到內容物。而且，高度只有十二公分，也很方便拿取。此外，表面有磨砂（細小的凹凸紋路），即使刮傷，也不會顯得又髒又舊。

只要做到「不必東翻西找」，收納的難度就會一口氣降低。

6　至二〇二二年四月十二日止，日本境內已有七百一十三萬多例感染，疫情雖較趨緩，但每日確診人數仍近五千例。

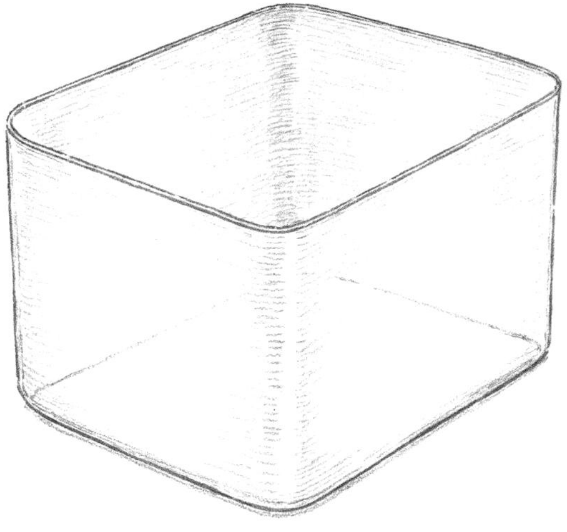

PP 化妝盒 1／2 橫型

一目瞭然，
出手快狠準

洗手臺的鏡櫃。從盒子側面就能看到隱形眼鏡，可憑直覺拿取，何時該補充備品也一清二楚。

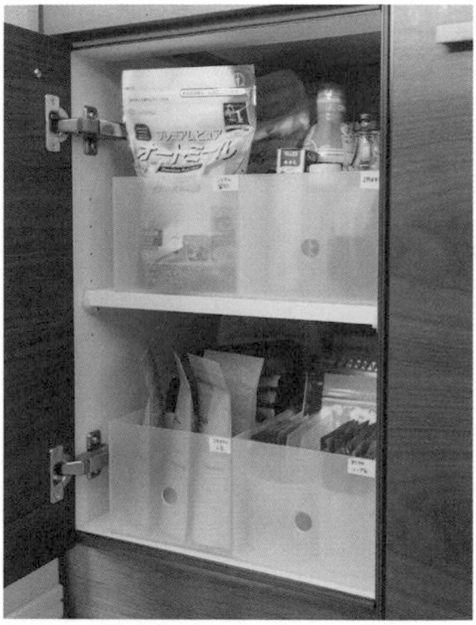

東西不堆疊，
方便尋找

上層放廚房的食品，下層放洗手臺的消耗品。高度較淺的透明盒子，不僅能讓東西一清二楚，也能降低拿錯的機率、輕鬆管理庫存。即便是小東西，手伸到底也能拿到。

小型衣裝盒，能連放也能堆疊

社群網站上不乏各路收納高手，以不同種類、高度的抽屜，因應各種收納，但我幾乎只用一種，那就是高十八公分的PP衣裝盒／橫式／小（第二二一頁）。

這款小型衣裝盒，從結婚前就一直跟著我，即使搬家、改變居家布置，始終是我的愛用品，現在則在小孩房裡大顯身手。

不論是把衣服捲起來放、裝零碎的小東西，或是讓毛巾立起來排排站……樣樣都能收納，而且高度和重量剛剛好。有時因為想多放一點東西，選擇過高的抽屜，物品反而會被擋住而看不到，最後因為東翻西找，弄得一團亂。因此，每天都要拿進拿出的東西，不宜放在太高的抽屜裡。

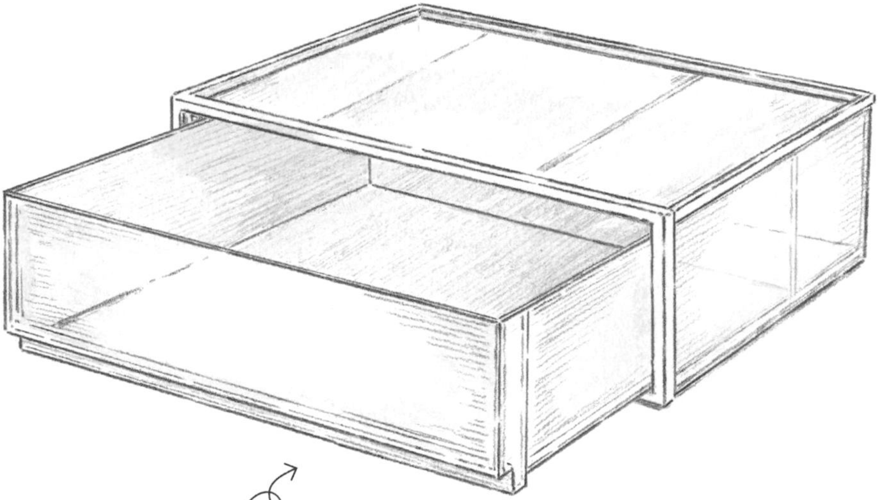

「最佳高度，東西不會被擋住，而且方便取出。」

PP 衣裝盒／橫式／小

此外，橫式小型衣裝盒的開口很大，也很適合放各類型的衣服，或是將T恤、內搭衣分門別類，一行一行排好。

抽屜選擇萬用的十八公分高，就能在任何地方派上用場。

連著放或堆疊，
適用各類衣物的收納

放在衣櫥裡橫式小型的 PP 衣裝盒，不論是把棉質上衣隨意折好收納，或是將手帕立起來，高度都剛剛好。抽屜可疊加使用。

（從單身時就愛用到現在）

小東西和毛巾
都能一清二楚

在小孩房大顯身手的 PP 衣裝盒／小〔p.221〕。乾淨的室內鞋和毛巾一字排開，東西一目瞭然。右邊是上幼兒園要用的毯子，大面積布料也能立著收納。

我專用的寢室衣櫃。右邊放上衣、褲裝、裙子、T 恤，左邊放外套、披肩和包包。頂端的箱子裝過季衣物。

衣櫥收納

為了縮短每天早上打扮的時間，衣物一定要井然有序。掛在衣架上的東西須分門別類，抽屜內則用盒子做出隔間。

上衣、絲巾，吊起來方便挑選

襯衫基本上都是掛在衣架上。款式一覽無遺，就不用煩惱該怎麼穿搭。使用鋁製洗滌用衣架／3 支組〔p.224〕，乾燥後的肩頭不會突出，可以放心吊起來。披肩則是用鋁製領帶架／3 S〔p.223〕掛起來，滑順好抽取。

第 2 層

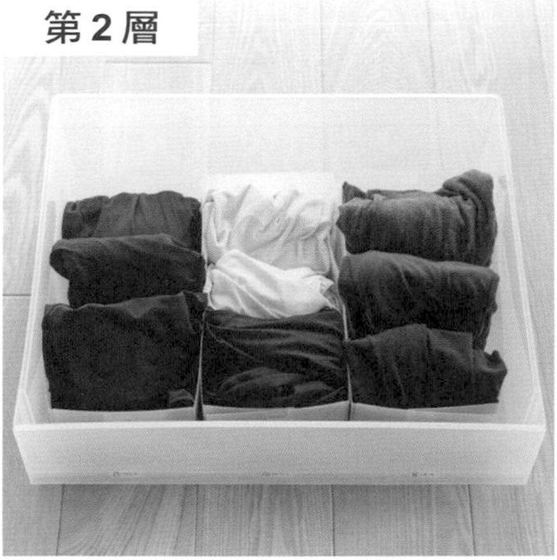

第 1 層

第 4 層

除了隔間，還有「珍重再見」區

PP 衣裝盒／橫式／小〔p.221〕第 1 層裝 T 恤、第 2 層裝內搭衣。裡面放入分隔盒，將衣物分門別類，不要混在一起。
第 3 層裝內衣褲。第 4 層是「珍重再見區」，專門放可能會扔掉的衣物。

包包立起來，不會東倒西歪

容易東倒西歪的包包，用壓克力間隔板／3 間隔〔p.222〕一個個立起來收納。由上往下看，內容物也一清二楚。

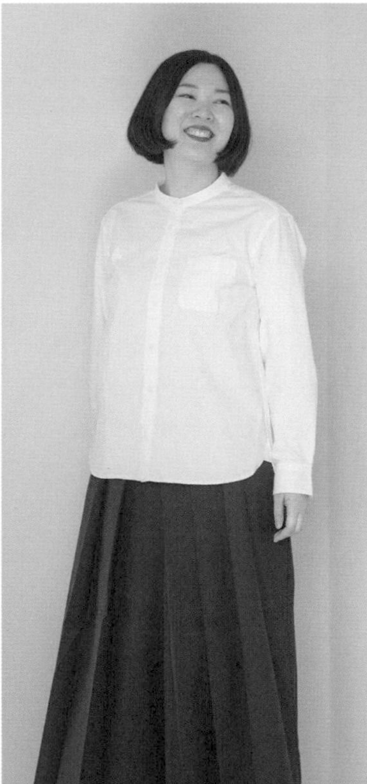

衣服好洗、好穿，家事省一半

我習慣規畫好衣物的數量，每件都穿好穿滿。內搭衣、襪子等各有三套輪替，工作用的襯衫件數比較多，但因為外出機會減少，也很少再買新衣服。為了在線上會議看起來比較有精神，我會選擇領口和胸口有額外設計的款式。此外，我也養成了一回家立刻洗衣服、衣服改買洗衣機可清洗的棉質或化學纖維材質的習慣。現在的我更喜歡**穿好保養的衣服，因為做起家事來輕鬆多了。**

壓克力透明盒，拿東西快狠準

「讓家具融入生活」，是我長年開發商品所銘記的準則。為了避免收納用品過於搶眼，我大多選用壓克力材質的收納盒。

壓克力透明度高，東西可以一目瞭然。雖然擺放的位置也有影響，但基本上，**從任何角度都能透視壓克力盒，遠遠望去就能知道「東西在那裡」**——就像看到指示燈一樣，不必想太多，只要直接走過去拿就好。因此，我通常會把常拿的物品收納在壓克力盒裡。

例如：牙刷放在壓克力小物收納架／斜口（第二二二頁）裡，不但能看得一清二處，朝斜上方延伸的斜口，拿取也很方便。壓克力手機小物架／大（第二二二頁）則用來裝藥膏、牙線、眼鏡。這個小物架因為中間有隔板，所以即使東西大小不一，也不會全部堆疊在一起。只要收納能看得一清二楚，就連孩子也不容易拿錯。

在我眼中，那些東西甚至在對我說：「來～快來用我吧！」

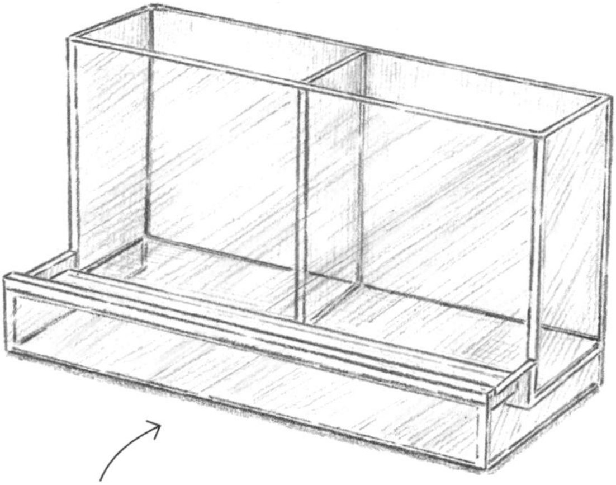

「中間有隔板，物品不重疊。」

壓克力手機小物架／大

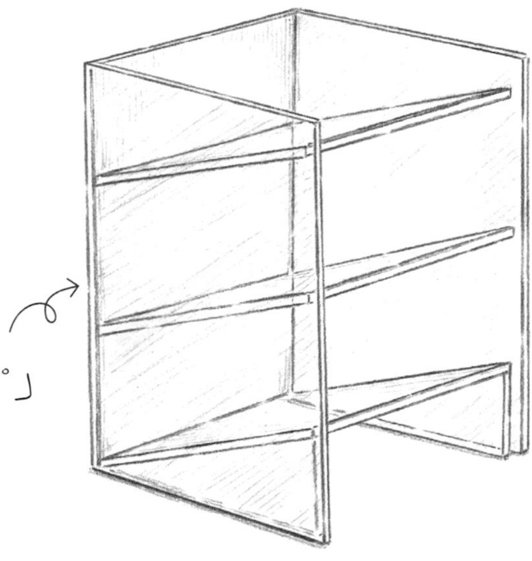

「斜口設計，方便拿取。」

壓克力小物收納架／斜口

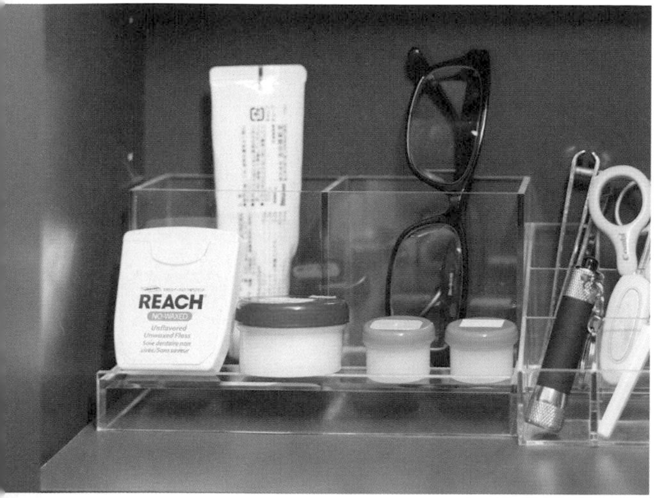

位置分明，不必翻找

擺手機的小物架用來裝小東西，收納文具的格子則放較長的物品。東西一目瞭然，不必翻找就能找到。

遠遠便能看見，拿東西快狠準

洗手臺上的牙刷架。每根牙刷一清二楚，隨手就能抽出自己的牙刷。壓克力材質透明清爽，看起來也很整潔。

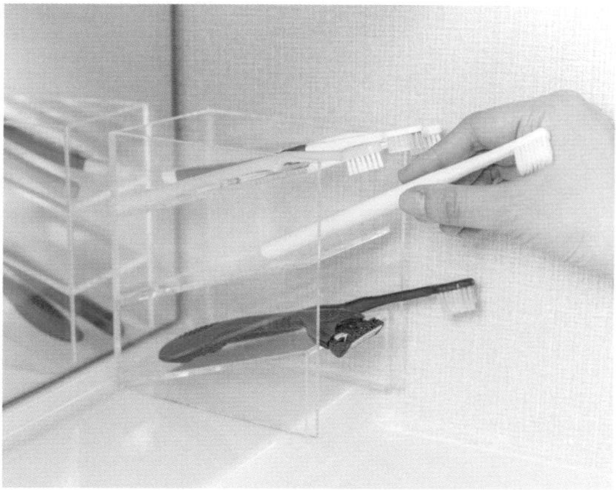

抽屜雜亂？善用分隔盒

每次開關抽屜，物品很容易就會亂成一團，不是東西拿錯，就是堆疊在一起……為了避免這些麻煩，我都會用盒子做出隔間。

PP化妝盒1／2橫型（第二二二頁）雖然長寬不等，但只要改成橫向或直向，任何抽屜幾乎都能放進去。其高度也能放進廚房或洗手臺的抽屜，用來裝零碎小東西，例如：收納烹飪器具或隱形眼鏡。

另外，我還會放入聚丙烯摺疊分隔盒／三入（第二二〇頁），將檔案盒分割成三等分，充分運用每一寸空間。

即便是不擅長收納的人，只要有了這些盒子，就不必煩惱如何丈量尺寸和搭配，因為**光是放進抽屜裡，就能解決亂糟糟的煩惱**。

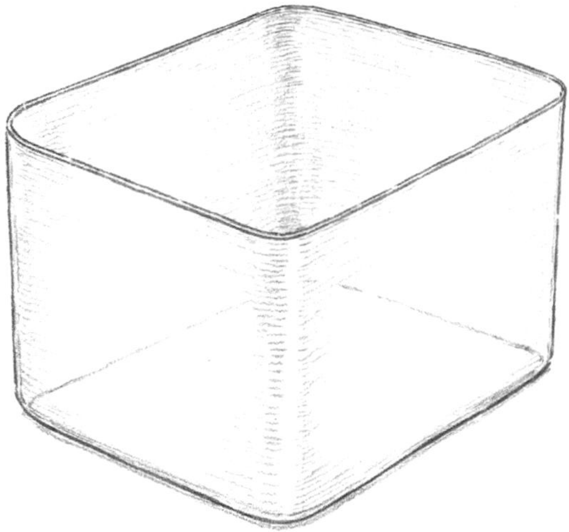

「高度 8.6 公分，
最適合放進抽屜。」

PP 化妝盒
1／2 橫型

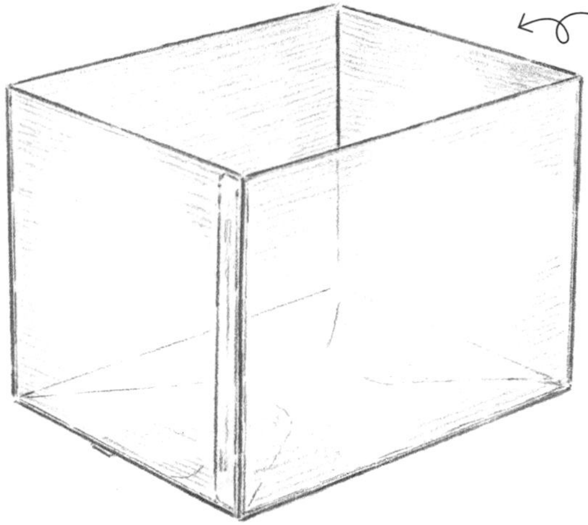

「能將檔案盒剛好
隔成 3 等分。」

聚丙烯
摺疊分隔盒／3 入

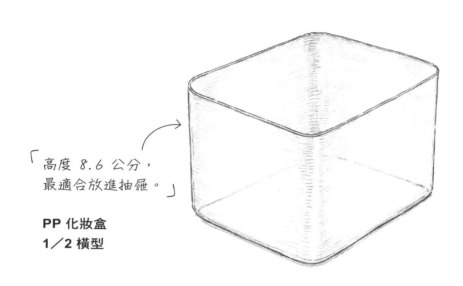

放進廚房抽屜
剛剛好

流理臺底下的抽屜，我會擺滿盒子，然後把使用頻率較低的烹飪器具分門別類。空隙可以放菜刀等較長的東西，不一定要塞得剛剛好。

（ 庫存也能一清二楚 ）

幫檔案盒
分門別類

潔牙粉、乳膏等雜物容易亂成一團，放進隔成三等分的聚丙烯檔案盒・標準型・寬・1／2）〔p.220〕，便能一覽無遺，收在洗臉臺底下。

如何避免囤積？選「裝不下」的工具

我這個人用東西從不計算「能放多少」或是「最多幾個」，因此我會善用收納工具本身的容量，讓它來幫我決定數量。

例如，我會用壓克力夾板（第二二九頁）夾文件，不斷往上疊。等到厚得夾不住、搖搖欲墜時就開始整理。這種夾板堅固又輕巧，即使夾滿也很好拿。

此外，表面還有磨砂，不易引

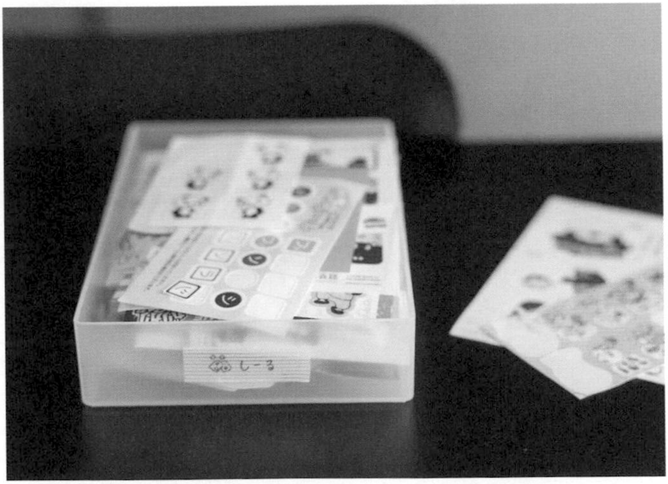

4 公分高的盒子會告訴我「何時該整理」。要是為了裝比較多而選了大盒子，很容易囤積個沒完。

起摩擦，翻頁非常流暢。

孩子們的貼紙則是用PP抽屜整理盒4（第二二一頁）收納。這款盒子很淺，高度只有四公分，不一會兒就滿了，**因此只要遵守「放得下」的原則，就能汰舊換新，不會無限囤積**。

每天都會增加的東西，就交給容量小的收納工具。交給工具便不必想太多，整理起來也會輕鬆許多。

按照時間排序，整理的優先次序便一清二楚。快夾不住時，就從底下開始整理。夾板依國小、幼兒園、學校、工作來分類。

廚房雜物，只放一個地方

袋子封口夾、鐵絲夾、紙膠帶……廚房常用的小工具一不小心就會弄丟。再加上我家先生也會下廚，所以我非常重視東西要一清二楚，這樣想用的時候才能立刻找到。

但這些小工具如果隨便收在流理臺底下的抽屜，很容易就會被埋沒，所以除了聚丙烯檔案盒・標準型・A4用（第二二〇頁）之外，我還會在兩側掛上聚丙烯檔案盒（小物盒）、聚丙烯檔案盒（隔間小物盒，第二二〇頁）。這麼一來，所有盒子開口都朝上，工具種類一清二楚。除此之外，因為位置都一樣高，手可以輕鬆搆到，所以拿取也很方便。

順帶一提，小物盒和隔間小物盒是掛在檔案盒內側，這樣每個盒子才能物盡其用。

一個檔案盒可以掛7個小物盒，依種類和尺寸分類收納。檔案盒底下多出的空間，裝平常不用的排水孔蓋。

無印最強布置小物

耍廢放鬆無極限的羽毛枕

現在我們一家人越來越常窩在沙發上，因此我特別買了抱枕。長方形的枕頭可以調節空間布置的比例，而且體積夠大，軟綿綿的非常舒服。枕套我也精心挑選了親膚的紗布材質，抱起來既安心又放鬆。

羽毛枕、棉質三重紗枕套／灰
〔第二二四頁〕

童趣摺紙

當孩子們開始會摺紙時，就可以把作品貼在牆上。摺紙的主題會反映孩子們最近在迷些什麼，非常有趣。我還會思考構圖，把它們拼得像一幅畫，而不是隨便貼在牆上。尤其是日落時分，當光線落在摺紙上而映照出影子，房間的氣氛更棒。

摺紙〔第二三〇頁〕

空氣芳香油

自從整天關在家以後，我就對空氣變得很敏感。所以，我除了使用空氣清淨機以外，也會在展示櫃放芳香精油。我把精油倒入罐子裡，用百元商店買的竹籤代替擴香棒。竹籤夠長，擺起來非常漂亮，真是賞心悅目。

空間芳香油／草本〔第二三一頁〕

難度零！室內園藝

自居家防疫以來，人們開始注重室內園藝。可惜買花替換並不方便，所以一旦買了，我都會想盡辦法「賞好賞滿」。我會將沒精神的花挪到小花瓶裡，而當莖軟弱無力了，就再把花瓣放到玻璃皿裡。換個容器或地點擺放，又是不一樣的感覺。

玻璃缽／小（第二二六頁）

依季節改變布置

我喜歡雜貨，所以很享受在聖誕節等節慶時更換布置。疊起來的筆記本是中國製，切邊的皮革樸素典雅。這次的主題是「令人愛不釋手的日用品」，我擺了紫砂壺、陶水杯，透過高低落差營造立體感。

牛皮筆記本（Found MUJI）
〔第二三九頁〕

無印化妝盒的四種妙用

裝排水孔濾網

PP化妝盒1／2橫型（第二二一頁）裝排水孔濾網剛剛好。我在盒子上套了兩個橡皮筋，要用的時候，就從橡皮筋之中，一次抽出一張。

水栽豆苗

將袋裝豆苗移到PP化妝盒1／2橫型裡種植。因為盒子是半透明的，可看到水量減少的幅度，因此不會錯過補水時機。

專門倒鞋裡的沙子，避免弄髒門口

待孩子們脫下鞋子後，我會把鞋裡的沙子倒進PP化妝盒1／2橫型，避免掉得到處都是。盒子就放在鞋櫃裡，隨時都可以用。

當書桌角落的小垃圾桶

居家辦公的房間沒有垃圾桶，因此我用PP化妝盒代替，讓書桌保持整潔。

PART 4

任何角落都能居家辦公

受到疫情影響，先生每週有兩天在家工作，我家也越來越像辦公室。

我們會互相調整行程、促進工作效率，工作不順利的時候，也會想辦法轉換心情，並透過各種小嘗試及創意，調整工作環境。

一張索引便利貼，搞定一週工作

我只要工作一忙，就會感到慌張和焦慮。為了避免這種狀況，我曾試著用手機的筆記功能記下待辦事項，可惜成效不彰。因為手機的筆記會依照更新次序顯示，反而讓我更在意待辦事項。

後來，我改用待辦事項索引便利貼（第二三〇頁），由上而下把該做的事情都寫上去。一張紙可以寫十三個項目，通常會在三天到一週內做完。貼在行事曆上，不僅不會搞丟，還能配合一週的行程來規畫，用起來非常順手。工作一完成，就在格子裡打勾。

這個**便利貼**也成了**忙碌程度的指標**，如果**寫滿兩張，就代表超過負荷了，提醒我要重新檢視工作的步調。**

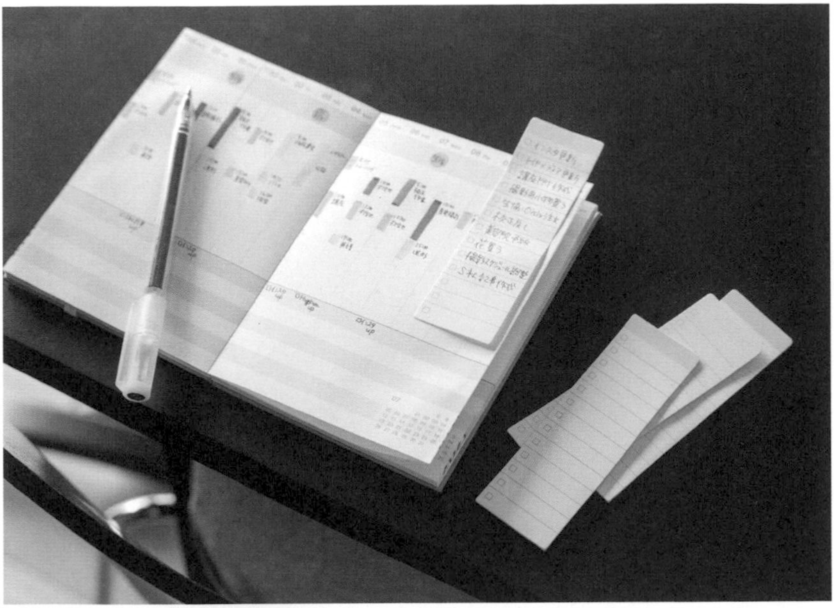

即使闔上行事曆，也能依照索引標籤找到貼的位置。我會用擦擦筆〔p.230〕記錄待辦事項，計畫改變時就擦掉重寫。而且它跟鉛筆不同，不會弄髒衣服的袖口。

比起手機，我用時鐘做時間管理

居家辦公很難掌握上班的節奏，時間一下子就過去了。遇到這種時候，就要事先訂下截止時間。

我會將一天該做的事情整理出順序，設定好「這個項目要在〇分內做完」，並於工作開始後，倒數剩餘的時間。有時，一專心起來，很容易忽略節奏，因此，如果我今天有開線上講座，我會拿出指針式壁鐘／大／白（第二二五頁）。假設十點開始上課，就在十點五分的地方貼上「寒暄」的標籤，將打招呼的時間控制在五分鐘內。指針式壁鐘的優點在於長短針之間的面積一目瞭然，**一看就知道「還剩幾分鐘」，可提醒我加快速度**。

按時結束每一項工作，就會覺得當天過得非常充實！

為了一面看筆電鏡頭、一面掌握時間，我選擇了眼角餘光也瞄得到的大型壁鐘。便籤如果貼得遠一點，就會不自覺在腦中推算剩下多少時間，所以我會用 5 分鐘為單位來抓時間。

辦公用品找不到？我的空隙直覺取物法

在疫情尚未爆發以前，我就習慣在餐桌上工作。為了方便用餐時把桌面收拾乾淨，我在展示櫃上保留了一塊空間，專門收納辦公用品、文件、電腦週邊等。因為我的座位就在展示櫃前，所以坐著就能取用。

辦公用品我都收納在聚丙烯小物收納盒／六層（第二二一頁）。因為很難記住每一樣東西放在哪裡，所以我**把奇數格的抽屜和隔板抽掉，製造出空隙，讓內容無所遁形**。如此一來，就能立刻找到想用的東西。此外，善用抽屜裡的隔板，也能幫零碎的小東西做好分類。

雖然都是居家辦公，但由於線上會議、文書處理等工作的性質並不相同，因此需要的工具也不一樣。如果能事先規畫好收納位置，就不必每次都

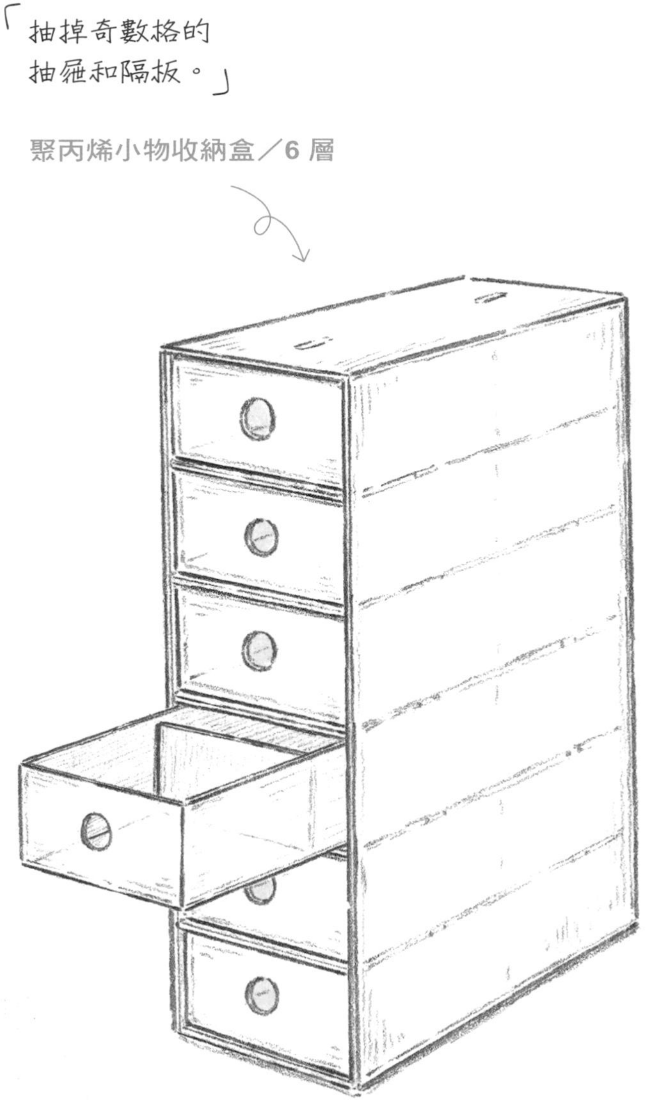
「抽掉奇數格的
抽屜和隔板。」
聚丙烯小物收納盒／6 層

東翻西找，思緒不會中斷，工作才能一氣呵成。

從空隙能看到裡面，取物更直覺

打開櫃子，抽屜就放在裡面，坐著即可拿取。因為有空隙，由上往下看時，一眼就能看到東西在哪。放回去時，也只要扔進去就好。

展示櫃前是我專屬的座位。為了方便整理餐桌，我在椅子後面布置了一塊空間，用來收納上班工具及文件。

這裡放了三層文件盤，收納郵件、收據、電腦週邊。隨身攜帶的行事曆和筆盒，收在筆電底下的盒子裡。

辦公區收納

展示櫃下層用來收納辦公用品。桌面時常需要清空，因此東西都是擺在固定位置，方便物歸原位。

收據塞進收納夾裡

整理收據很麻煩，所以我只分成工作經費與醫療費共兩種，不會細分太多項目。PP 薄型收納夾筆記本封套／〔p.230〕可從側邊插入，拿取或收納都方便。

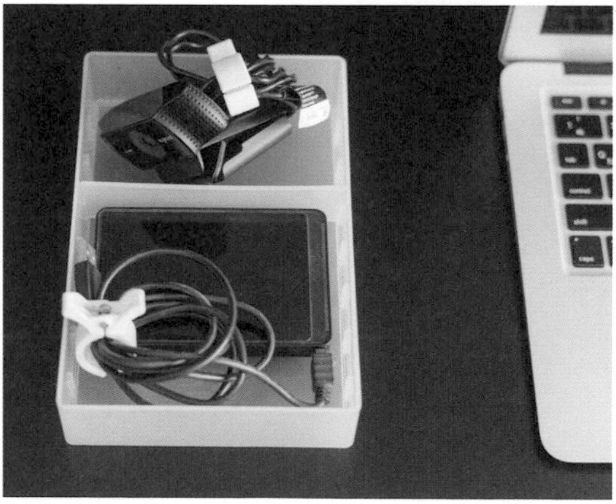

電腦周邊放在一起，以備不時之需

PP 抽屜整理盒 4〔p.221〕放鏡頭與硬體，以便立刻拿到桌上使用。內含隔板，電線不會纏在一起，相當方便。

文件以顏色分類，一眼就能找到

學校用粉紅色、工作用藍色……透明資料夾與聚丙烯檔案盒・標準型・A4 用〔p.220〕的標籤顏色一致，找文件時就不必東翻西找。

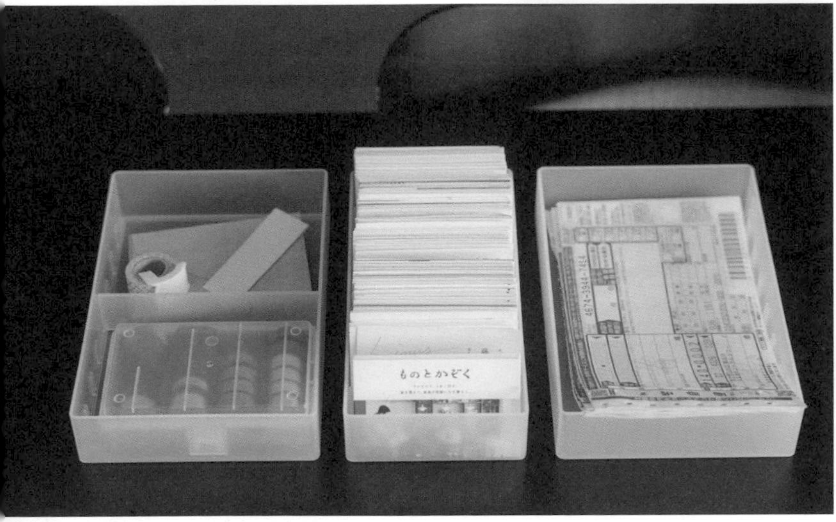

辦公用品依用途收納至整理盒

名片、零錢盒、宅配單分裝在不同盒子裡，以便只取出要用的東西。我使用的是大小剛剛好的 PP 抽屜整理盒 2、PP 抽屜整理盒 4〔p.221〕。

常用的文具放在前面

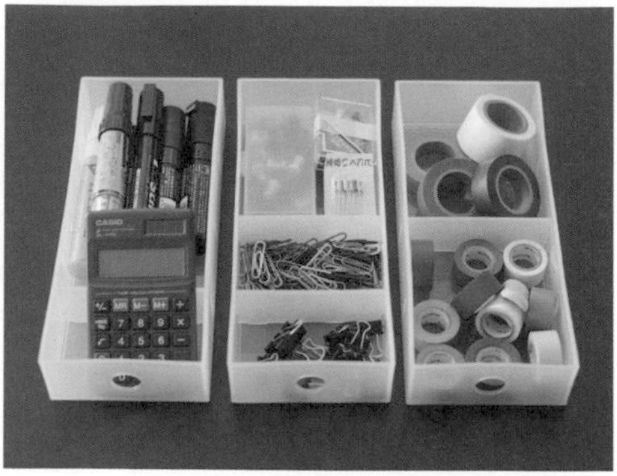

善用聚丙烯小物收納盒／6 層〔p.221〕的抽屜隔板，將小物分類。常用的東西放在最前面，方便從空隙放回去。

文件及辦公用品收在櫃子內，結案後就把文件扔掉，不多占用空間。上層擺放名片。

居家辦公最強好物：自製移動式文件櫃

由於居家辦公時，我和先生會一起談論公事，所以家裡也變得越來越像辦公室。雖然我一般都是在餐桌上工作，不過為了線上會議，我又額外布置了第二個辦公室——在洗衣間擺了一張小桌子，夫妻倆輪流使用。我們會互相報告開會的行程，不想被打擾的人就到第二辦公室。但也因為工作場所沒有固定，所以為了方便移動文件，我又用縱橫皆可連接聚丙烯平台車（第二二一頁），做了可動式文件櫃——把收納在餐桌旁櫃子裡的文件，連同檔案盒一起放上去，推到洗衣間。車輪會順著推的方向前進，移動起來非常順暢。

此外，小桌子對先生而言有點太矮，所以筆電底下還墊了ＰＰ資料盒／

橫式／薄型（第二二一頁）。不知該放哪的小東西，就收進PP資料盒的抽屜裡。

有了平台車和資料盒，居家辦公室便完成了。像這樣花點巧思，工作環境便能越來越完善。

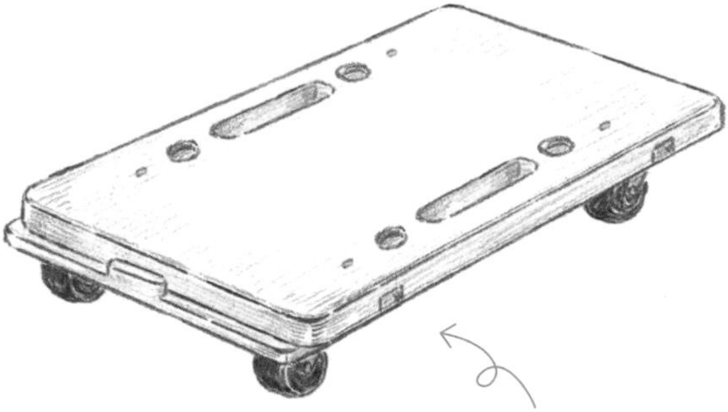

「可 360 度旋轉，
任何方向都順暢。」

縱橫皆可連接
聚丙烯平台車

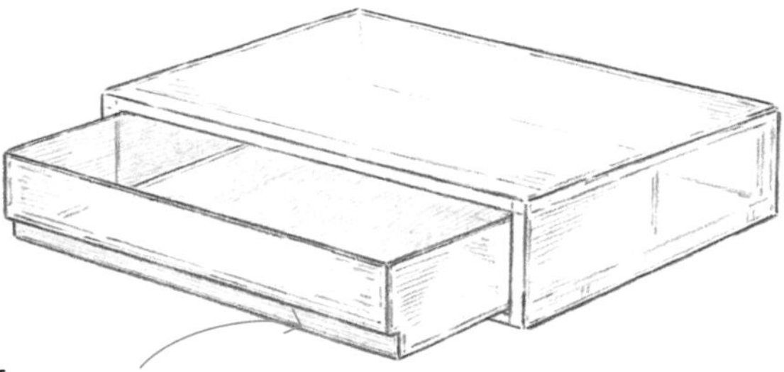

「高度 9 公分，
文具一覽無遺。」

PP 資料盒／橫式／薄型

洗衣間的第二辦公室。簡約圓椅／深灰〔p.225〕的椅面和椅背依人體工學設計，久坐也不會累。

用檔案盒與平台車組成移動式文件櫃

將聚丙烯立式斜口檔案盒・A4〔p.220〕移到平台車上，這樣就不必特地跑回收納區尋找文件。

用資料盒當電腦檯兼收納區

桌子高度不夠，因此我放了家裡原本就有的資料盒。抽屜可以收納小東西，桌面更寬敞，收拾也很輕鬆。

無印人靠這本筆記本，想出暢銷商品

開始工作或協商時，我一定會打開週刊誌漫畫筆記本／迷你（第二二九頁）。

我從以前就經常透過圖畫，來做筆記或記錄靈感。對我而言，橫線筆記本太礙手礙腳，還是白紙較能自由發揮。但如果太過自由，筆記又會畫得到處都是。

但這款筆記本每行有四個空白格子，只要依序填入，就能將腦中的想法整理出來。換言之，只要動筆就能整頓思緒、釐清脈絡。將一個主題控制在一個跨頁內結束，不僅清楚明瞭，之後回頭查閱也很方便。

這款筆記本其實是我剛進公司時，一位前輩在「筆記靈感百選」企劃中絞盡腦汁後推出的，日後也變成了長銷商品。一想到也有像我一樣熱愛這款筆記本的粉絲，就覺得很高興！

每行有 4 個空白框框，每畫好一格，我就會思考「下一格該怎麼畫？」，對製作投影片和構思 IG 文章都很有幫助。

透過植物與香氛轉換心情

因為不太能外出，我便買了幾個盆栽。我把它們擺在顯眼的地方，工作不順的時候，就觀賞植物、稍微喘口氣。看著向上生長的枝葉，會令我充滿幹勁。

因為找不到漂亮的花盆，我便到家居區買了便宜的款式，用包覆式花盆套（按：臺灣現無販售，請參考第二三二頁）圍起來，和裝潢風格統一。底下再裝上可排水花盆托盤（第二三二頁），這樣就能掌握排水量，方便拿捏澆水量。工作一籌莫展時，我會在芳香石／附盤／灰（第二三一頁）上滴五到十滴精油／天竺葵（第二三一頁）。芳香石不太需要保養，在家中的任何角落都能使用。

花盆套可反折、調整高度。托盤附輪子，方便推到日照充足的地方。積在盆底的水可抽出來倒掉。

使用芳香石時，只要點幾滴精油即可，不必加水，也不用插電。天竺葵能讓心情平靜，是我最喜歡的味道。

無印最強 辦公小物

幸福的品茶時光

先生每週有兩天在家工作，我們也越來越常泡茶。家裡備有當季茶款、花草茶、咖啡等，種類豐富，我把它們分裝在不同盒子裡，視心情挑選。一旁就有流理臺，桌上也有快煮壺，馬上就可以燒開水。

PP化妝盒1／2、PP化妝盒／棉棒・急救品（第二二一頁）

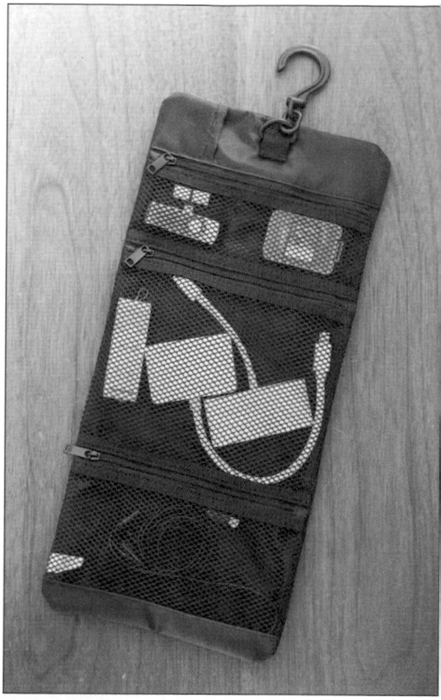

攜帶型筆電周邊

講座授課時，我常需要操作筆電、使用投影機。若把線材、隨身碟等小型器材全部放在一起，東西會很難找，所以我會將它們分開收納。使用網狀收納袋，東西就能一目瞭然，收納起來也可以塞進包包裡。

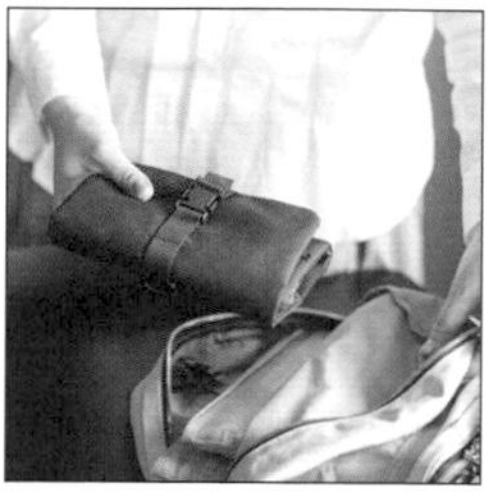

聚酯纖維
吊掛小物收納袋
〔第二三三頁〕

專案文件放口袋收納夾

進行專案時，相關文件會頻繁拿進拿出，所以我會用可從側邊插入的收納夾。**一個夾子等於一個專案，結束時我會將它們分成需要或不需要**，然後幫需要的專案貼上索引標籤、寫上名字，收進資料夾後，再放入檔案盒中。

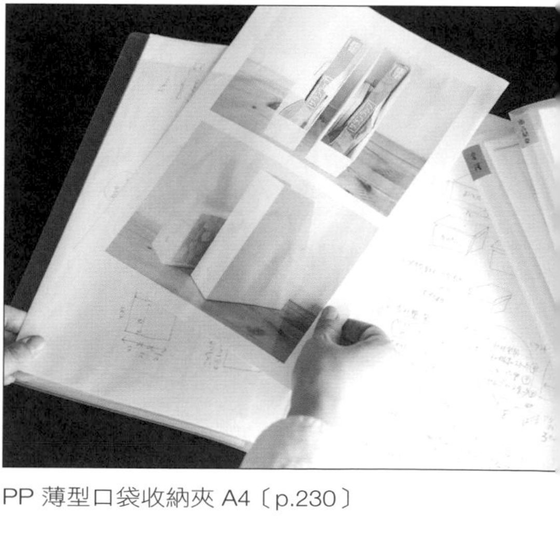

PP 薄型口袋收納夾 A4〔p.230〕

PART 5

連小小孩也能做到的整理法則

因為防疫生活，親子相處的時間也增加了。看著孩子成長固然感動，疫情卻也令人惶惶不安……。

為了日子能過得安心，我盡量讓孩子維持原本的生活，請他們自己做功課、收拾東西，然後盡情玩耍。

先集中，再放回去

只要孩子們一開始玩耍，房間瞬間就會被玩具海淹沒！幸虧收納安排得宜，我才不必當虎姑婆，逼孩子快收拾乾淨。道理很簡單，因為如果連父母花三分鐘都收拾不完，那麼小孩就算花三十分鐘也收拾不完。

玩具依使用頻率分為一軍和二軍，一軍放在房間裡，並依照玩偶、積木等分類，分別裝進棉麻聚酯收納箱／長方形／中（第二二二頁）。因為箱子是棉麻材質，收納大型玩具時不易卡住，就算被孩子扔在地上也不必擔心。

此外，大開口的設計，不僅方便收納，因為內裡含有鐵線，箱子也不易變形。

至於散落一地的玩具，則用軟質聚乙烯收納盒／半／中（第二二二頁）收拾，這樣就不必來回走動，而且這種收納盒的把手，就算用力握也不會痛。

先把玩具集中起來，再放回去。簡化成兩個步驟，小小孩也做得來。收拾玩具是孩子自己的工作，父母只要建立收納規則就好。

「鏤空的把手非常好握。」

軟質聚乙烯收納盒／半／中

「開口大，玩具可輕易扔進去。」

棉麻聚酯收納箱／長方形／中

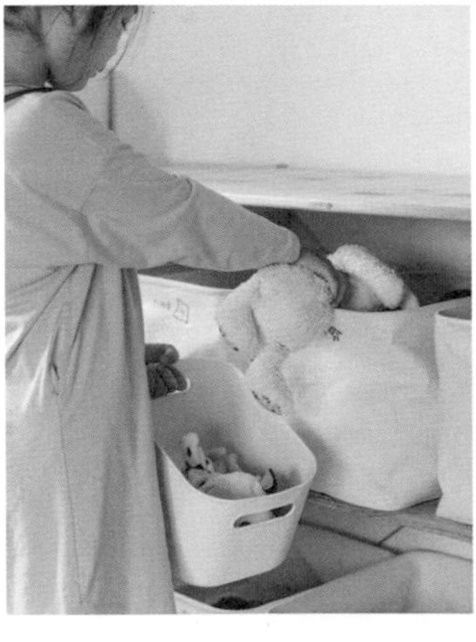

「集中→放回」兩步驟，孩子自己也能收拾

把玩具集中起來，放回架上的箱子裡。玩具箱的類別盡量簡化，以免孩子不曉得該放哪。架子和箱子之間一定要留有空隙讓手伸進去，這樣就不必把箱子拉出來，單手即可收拾。

兒童房收納

收納架分成玩具區、故事書區、衣物區，將玩耍和更衣的地方區隔開來。這麼一來，不僅方便孩子活動，東西也不會混在一起。

架子按照用途分區。玩具和故事書架在同一區，衣物架在圖片的右邊。

養生膠帶當標籤，隨時可更換

我用養生膠帶當作標籤，以便裝不同東西時，可隨時更換。油性筆可輕鬆書寫，想換就換。

保留空隙，可直接扔進去

如果玩具箱把架子塞滿，就得拉出來才能收納，有時還得雙手用力才拉得出來。反之，架子和箱子之間有空隙的話，只要把東西丟進去，就可以單手收拾。

玩具

「玩具百寶箱」

不易分類的玩具，就收進貼有「玩具百寶箱」標籤的棉麻聚酯收納箱／長方形／中〔p.222〕裡。這樣就不會收到一半，因不知道放哪而停下動作。

用檔案盒收納，方便拿取

將聚丙烯立式斜口檔案盒・A4、聚丙烯立式斜口檔案盒・寬・A4〔p.220〕倒個方向，擺在架子上，裡頭放故事書。不僅方便拿取，外觀自然也整整齊齊。

不常看的故事書和衣服收在衣櫃裡

依照使用頻率收納，將不常用的故事書或衣服收進衣櫃裡。最上層放透明的 PP 搬運箱／小／附扣〔p.221〕，就能一眼發現要找的東西，替換東西更輕鬆。

衣物

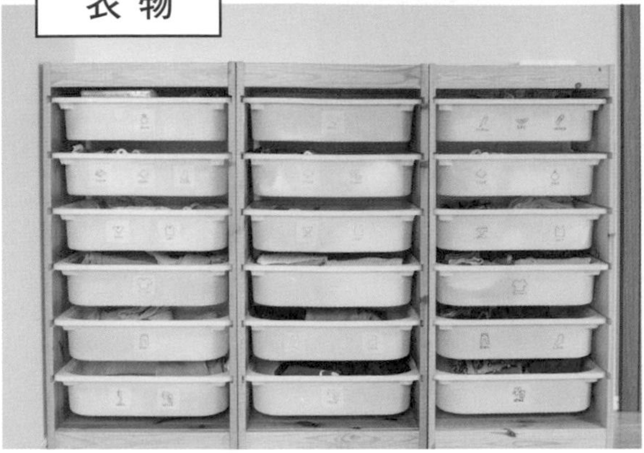

用輕巧的淺托盤當抽屜，方便取出

衣物架用輕巧的淺托盤當抽屜。只要拉出來一點，孩子就能自行取用。托盤不深，東西一覽無遺，一下就能找到。

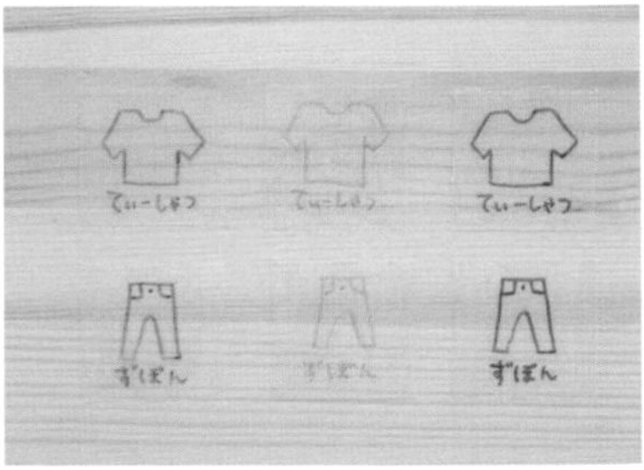

帶去學校的東西擺在一起，避免忘記

手帕等容易忘記帶的東西，擺在一定會穿的襪子旁邊，用 PP 整理盒 2、3〔p.222〕、PP 化妝盒／棉棒．急救品〔p.221〕分類收納。

設定專屬色標籤，避免拿錯

為了孩子們，我除了在標籤上寫字，也會畫圖。設定好每個人的專屬色，孩子一看就會知道「這是我的」，不易拿錯。

松木組合架，好裝易改又不貴

我的三個孩子各差兩歲，等到大女兒要上國中時，兩個弟弟還在讀國小。再加上如果孩子長大了就重買家具，總覺得有點浪費，所以我後來用方便拆裝的組合架，當作孩子房間的收納櫃。

松木組合架可自由搭配層板和層架，能隨著孩子的成長更換布置（下頁為松木組合架／層架／小、層板／八十六公分用、SUS交叉桿／大〔第二二五頁〕）。

這款普通的架子非常樸素，適合自由改造。不論是擺滿收納箱、用檔案盒隔間，都沒問題，而且組裝也很簡單！

將層架固定好，擺上層板，背面裝上交叉桿就完成了。而且用久了，組

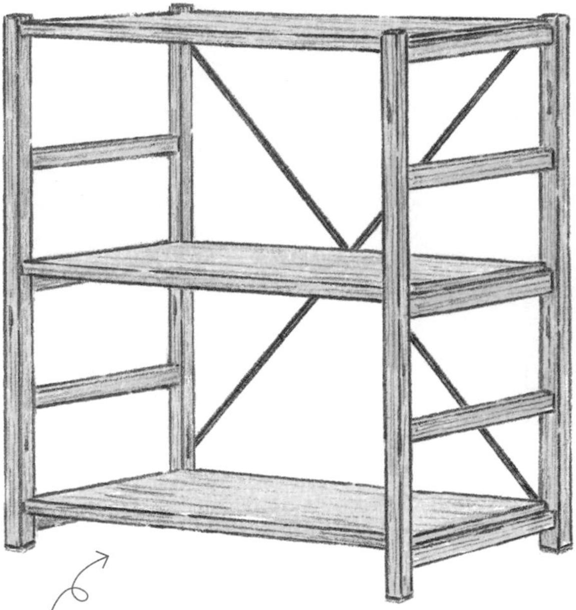

松木組合架

合架的外觀會變成琥珀色，欣賞顏色的變化也別有一番樂趣。

更棒的是，組合架材質是天然木，價格卻很實惠。將來再也不必擔心小朋友長大時，孩子房間的收納該怎麼辦。

現在

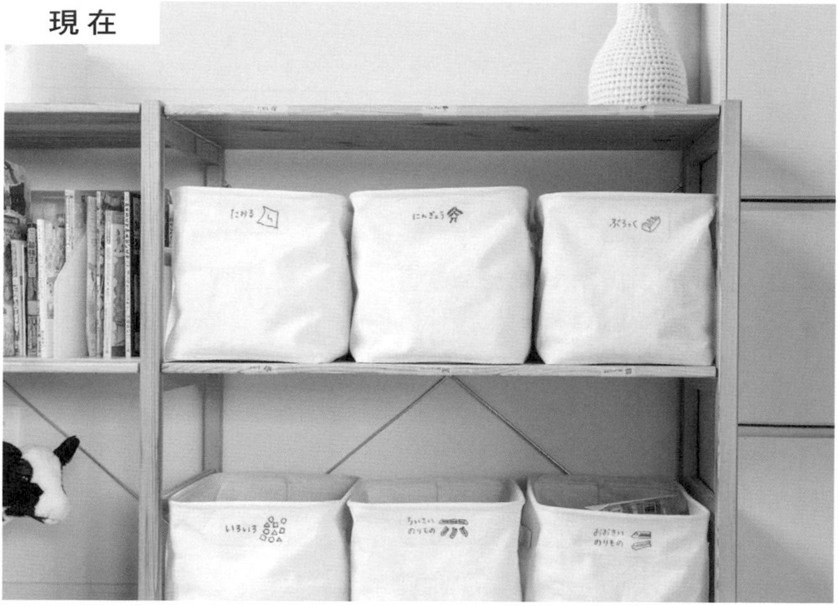

玩具種類少但體積大，扔進棉麻聚酯收納箱／長方形／中〔p.222〕裡。分類共有積木、娃娃等6種。

配合人生各階段，自由改造

兩年後

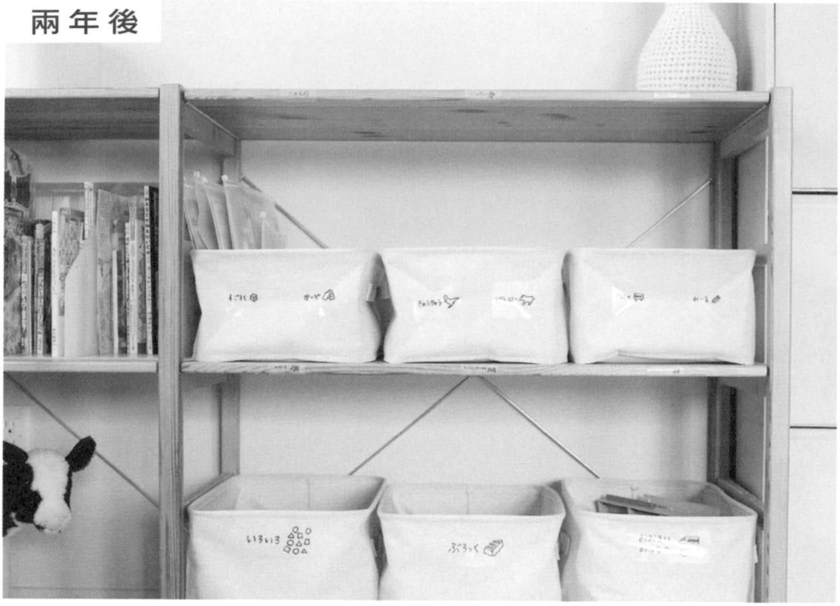

往後若電玩、卡片增加，就換成較淺的棉麻聚酯收納箱／長方形／小〔p.222〕，並用 PP 整理盒 4（p.222）做出隔間，讓東西一覽無遺。

你是餐桌派，還是書桌派？專心學習的訣竅

之前學校因為緊急事態宣言而停課，大女兒便在家自修。每天母女倆就在餐桌前並排而坐，安靜的工作、讀書。

為了避免學習節奏紊亂，我統一讓孩子們用平板電腦學習，並且在餐桌旁的展示架上，設置了壓克力間隔板／三間隔（第二二二頁），收納平板電腦。這款間隔板高達十六公分，不僅可以穩穩的支撐住平板電腦，拿取也很順暢。一體成型的結構相當堅固，隨手塞進去也不會搖晃。

我還一併買了手邊照明折疊燈（第二二五頁）。這款燈沒有電線，不必插電，孩子也能自己拿到桌上。而且附有把手，很好搬動。三角柱造型重心偏低，不易傾倒，也是一大優點。

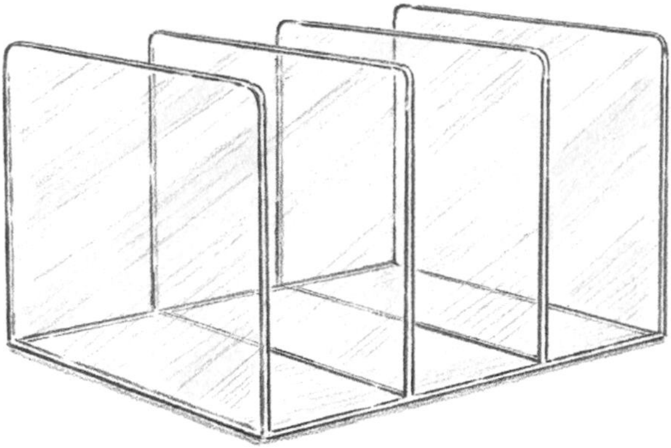

「一體成型，
穩定不搖晃。」

壓克力間隔板／3 間隔

「無電線，
可輕鬆搬動。」

手邊照明折疊燈

使用平板電腦學習以後，孩子更愛讀書了。而且專注的時間變長，連帶的父母自己的時間也增加了。

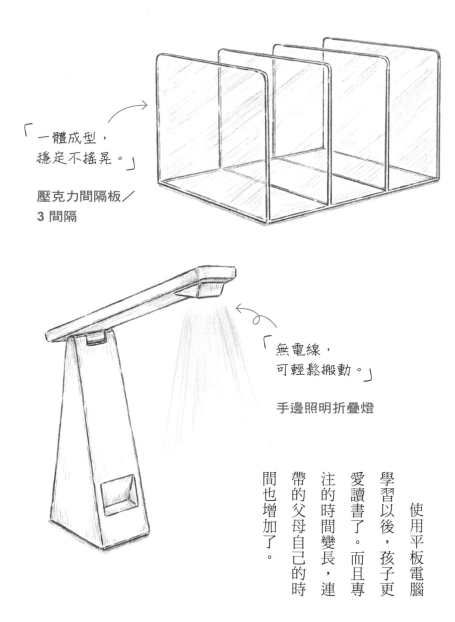

燈光照射角度很廣，孩子們一起念書，光線也很足夠。孩子用平板電腦學習時，父母也能專心工作。

拿取方便，一目瞭然

厚厚的壓克力隔板具有一定的重量，取物時不易晃動。因為顏色透明，位置也一清二楚。平板電腦與空白筆記本貼上孩子們的專屬色標籤。

孩子能
自己放到桌上

不必插電，孩子自己也能拿到桌上，立刻開始念書。採折疊式設計，LED 燈收在裡面，即使翻倒，也不必擔心撞壞。

讓家人都能自主學習

文具、眼鏡、平板電腦……這些在家學習的工具，一定要方便物歸原位。用心規畫收納，家人就能專心學習。

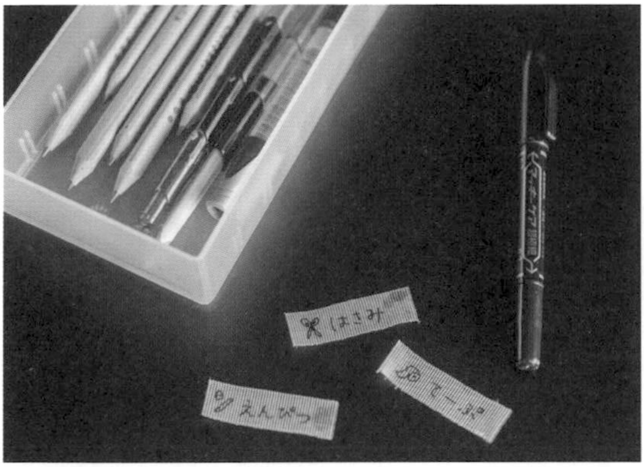

標籤手寫，方便更新

文具收在 PP 抽屜整理盒 2〔p.221〕裡。如果內容物和標籤不一致，孩子就會混淆，所以我用膠帶與油性麥克筆做了標籤，以便隨時更換。

眼鏡立在盒子裡，隨手抽取

抗藍光眼鏡立起來，收納在 PP 化妝盒／棉棒・急救品〔p.221〕裡。不但能隨手取用，收納也很輕鬆。盒子放在平板電腦的收納架旁。

展示架底層是孩子們的收納區。三層文件盤裝文具，間隔板放平板電腦和空白筆記本。

貼心的文具設計，小孩也能輕鬆上手

無印良品文具的設計大多很萬用，例如筆記本／空白（第二二九頁）從任何一個方向都能使用，對於想要自由發揮的孩子而言，一

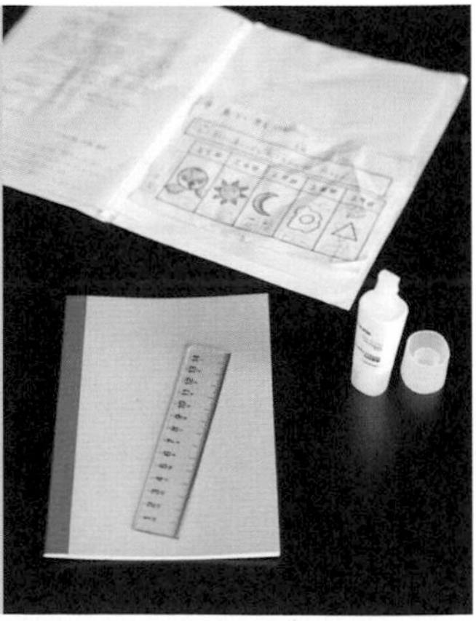

文具擺在桌子旁，隨時就位

將文具置於坐在餐桌椅上時，伸手就能搆到的位置，並依照尺寸與數量，分別收納在 PP 抽屜整理盒 2、3、4〔p.221〕，裝進三層文件盤裡。

打開馬上就能動筆。壓克力透明尺（第二三〇頁）有兩種方向的刻度，左撇子也能用得很順手。不易起皺膠水（第二三〇頁）在我家更是大顯身手，黏貼單據時不會起皺紋，紙本背面可照常使用。

背包、口罩、保溫杯袋，我用這種掛鉤

大女兒每天上學出門前，會提早五分鐘到房裡，背上書包，戴帽子及口罩。東西比較多時，也會拿手提包。回家後，一樣會將身上的東西放回架子上。

因此，要帶去學校的東西，我都會集中在一個地方。然後，在架子側面，再掛上S掛鉤／防橫搖型／小、不鏽鋼防橫搖雙鉤掛鉤（第二二三頁），以收納書包和保溫杯提袋。S掛鉤有兩道鋼絲，耐重約五公斤，即使掛上裝了課本的書包也能安心。

雙鉤掛鉤上下各有一個鉤子，用來掛帽子和手提包，不僅節省空間，也能將要帶的東西整理在一起。第一八六頁的手提包故意和書包重疊，是為了方便一起帶去學校。

把要帶的物品整理在一起，就不必東拿西拿，迅速就能出門。再加上東西一目瞭然，要找什麼都很方便，也能避免漏掉東西。

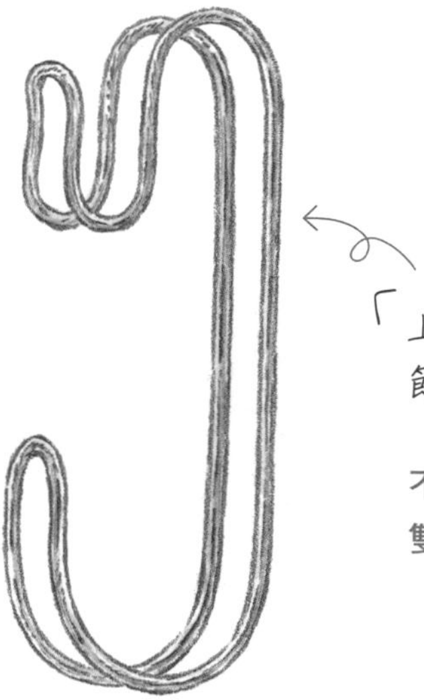

「上下都能掛，
節省空間。」

不鏽鋼防橫搖
雙鉤掛鉤

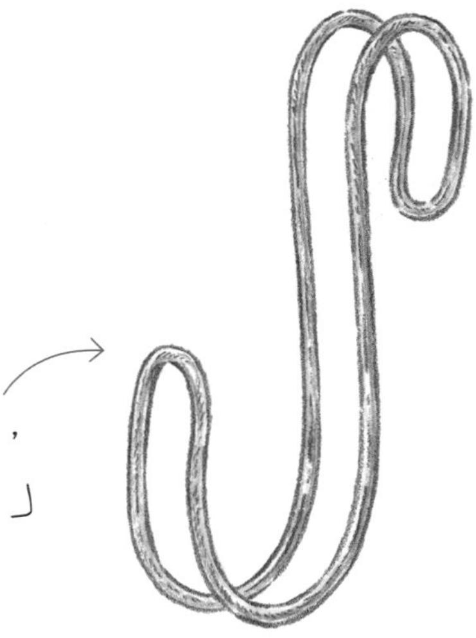

「兩道鋼絲結構，
耐重抗橫搖。」

S 掛鉤／
防橫搖型／小

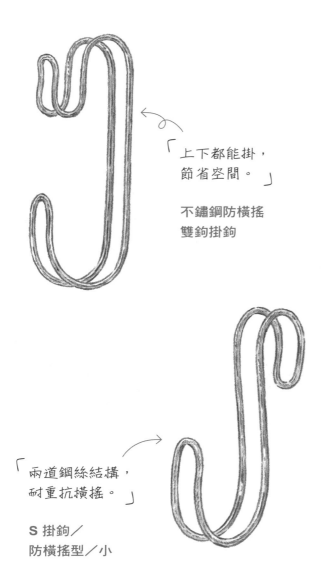

將書包、口罩等
要攜帶的東西放在一起

在松木組合架／層架／中、松木組合架／層板／86 cm 用〔p.225〕掛上鉤子，收納學校用品。鉤子用橡皮筋固定。

（ 也可以用檔案盒收納 ）

紙張分類收納

將課本、通知單分別收在聚丙烯立式斜口檔案盒．A4〔p.220〕，這樣就能迅速取出，讓準備更順暢。

背包
擺在固定位置

將聚丙烯立式斜口檔案盒．寬．A4〔p.220〕倒個方向，收納學習用的背包。擺在固定位置的話就不會亂扔，不必東翻西找。

大人小孩都愛的手作時光

我從小就愛東畫西畫，孩子們也有樣學樣，越來越喜歡畫圖。尤其大女兒熱愛創作，為了讓她隨時都能揮灑創意，工具、材料我都放在好拿的地方。

最令她雙眼發亮、愛不釋手的，非塗鴉紙捲（第二三〇頁）莫屬了。這款畫紙長度共二十五公尺，可以畫個過癮，連弟弟也能參一咖。畫完後

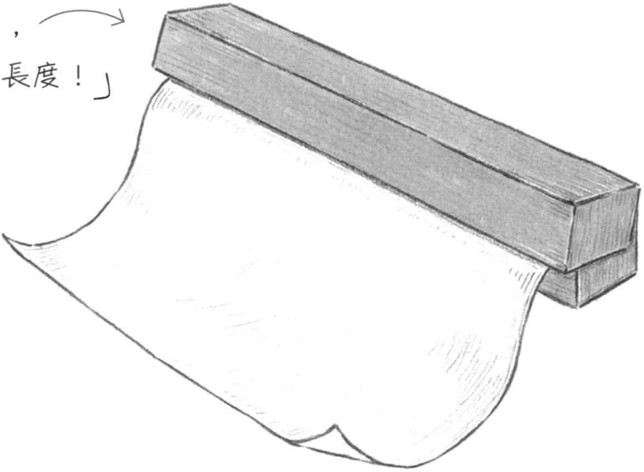

塗鴉紙捲

就捲起來收進盒子裡，下次可以繼續畫。

孩子們也很愛看 YouTube 的摺紙頻道，有時是剪剪貼貼做成壽司，有時則會加上插圖。無印良品的摺紙（第二三〇頁）從基礎色到漸層色一應俱全，不論是食物或動物都做得出來，而且顏色和質感俱佳。

我非常鼓勵孩子們動手玩創意，因此不論是工具或材料，都會挑選比較有品質的。

摺紙

不必擔心
畫出邊界，
想像力不受限

將紙捲攤開，餐桌立刻成為畫布。少了畫框阻擋，構圖和主題就能更大膽，有時也會有新發現。

顏色豐富，能培養孩子對色彩的敏銳度

這款摺紙光是綠色就有鶯色、祖母綠等，能享受豐富多變色彩。80 張只要 90 日圓，便宜划算（按：臺灣尚無販售）。

每月一次居家髮廊

我們一家本來每月會去一次髮廊，但自從二〇二〇年春天關在家裡防疫以後，頭髮就像雜草一樣長不停……那麼，乾脆在家剪頭髮吧！於是，我便出門採購理髮用品了。

不鏽鋼髮用剪刀（第二三一頁）是在大女兒十個月大時購買的。她一出生，頭髮就很濃密，我怕她流太多汗、皮膚容易發炎，所以等不及一歲，就幫她剪了瀏海。

這把剪刀尺寸偏小，即使是初學者也很好操作，而且用了七年，剪起來還是很銳利。覺得有點失手的時候，只要用不鏽鋼打薄剪刀（第二三一頁）修一下即可。中指可以內扣，拿起來更穩定；剪刀尖端圓圓的，幫孩子剪頭髮也能放心。

就算又得關在家，只要有這兩項工具，就能輕鬆整理儀容，保持清爽。

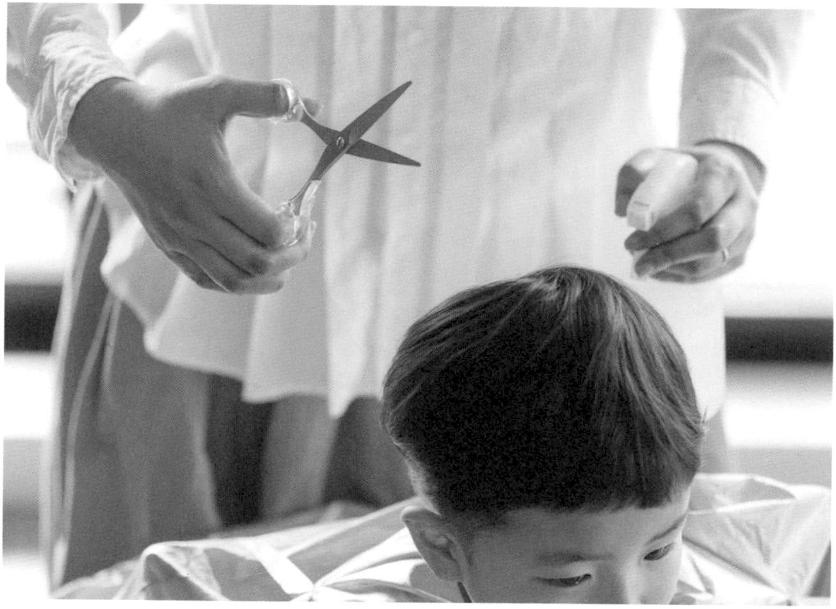

聚乙烯噴水瓶／小〔p.232〕能將頭髮大範圍噴溼。A5 尺寸的 EVA 夾鍊收納袋〔p.223〕裝剪刀、剃刀，A4 尺寸收納剪髮圍巾。

打破男女界線的中性時尚風

我家孩子的衣服雖然不多，但是從來不會不夠穿。相反的，衣服太多反倒不易掌握件數，洗滌、收納、打扮都會變得很複雜。

再加上我家有男孩、也有女孩，所以買中性款式感覺上會比較划算，姊姊穿不下的話，弟弟也能穿。例如，兒童棉混輕鬆活動舒適拼接丹寧錐形褲（第二二九頁），單寧布料不挑性別，錐形剪裁怎麼穿都好看。腰部也有鬆緊帶，即使尺寸、體型有差異，穿起來也很舒適。兒童有機棉天竺橫條短袖T恤（第二二九頁）則是萬年流行款，其中以深藍色最為男女皆宜。

無印良品的童裝都非常樸素，但正因為沒有卡通人物和多餘的裝飾，更顯得萬用百搭。

T 恤還有銀灰、黃等顏色，領口有伸縮性，頭不會卡住。

無印最強育兒小物

換洗衣物備用包

為了避免外出時孩子滿身汗或弄得髒兮兮，我把大兒子和小兒子的全套替換衣物都塞進尿布收納包裡。這款收納包不僅袋口可掀開，找東西也輕鬆。而且包體能站立，單手就能輕鬆拿取。

有時孩子睡到一半會嘔吐，因此我在床底放了附蓋水桶。它的高度較低，可以塞進水龍頭下，洗起來也很輕鬆。

極簡風的插入式相本

學校或幼兒園的活動照片一下就會堆積如山。為了方便收納，我使用了插入式相本，將每個孩子放在不同冊，並依時間排序，在書脊上編號。無印良品的相本雖然樸素，但很有質感，收在架子上清爽又美觀。

PP高透明相本／3段（第二三〇頁）

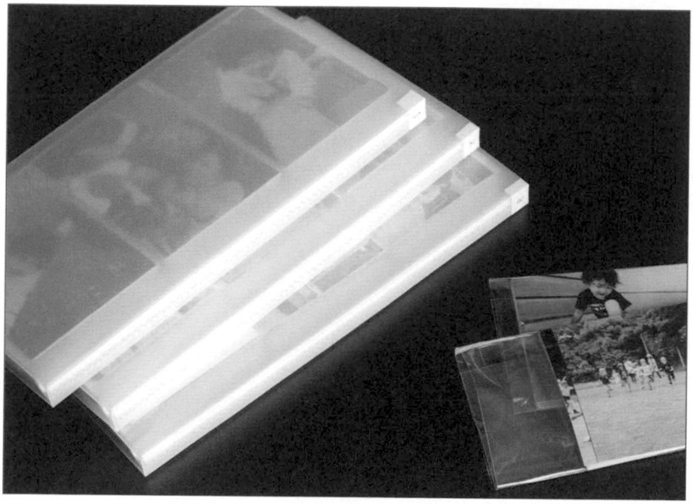

聚酯纖維尿布收納包（第二二九頁）、PP水桶／附蓋／七・五公升（第二二四頁）

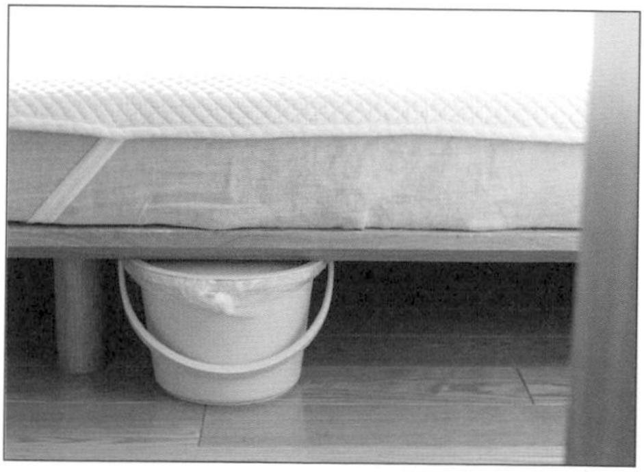

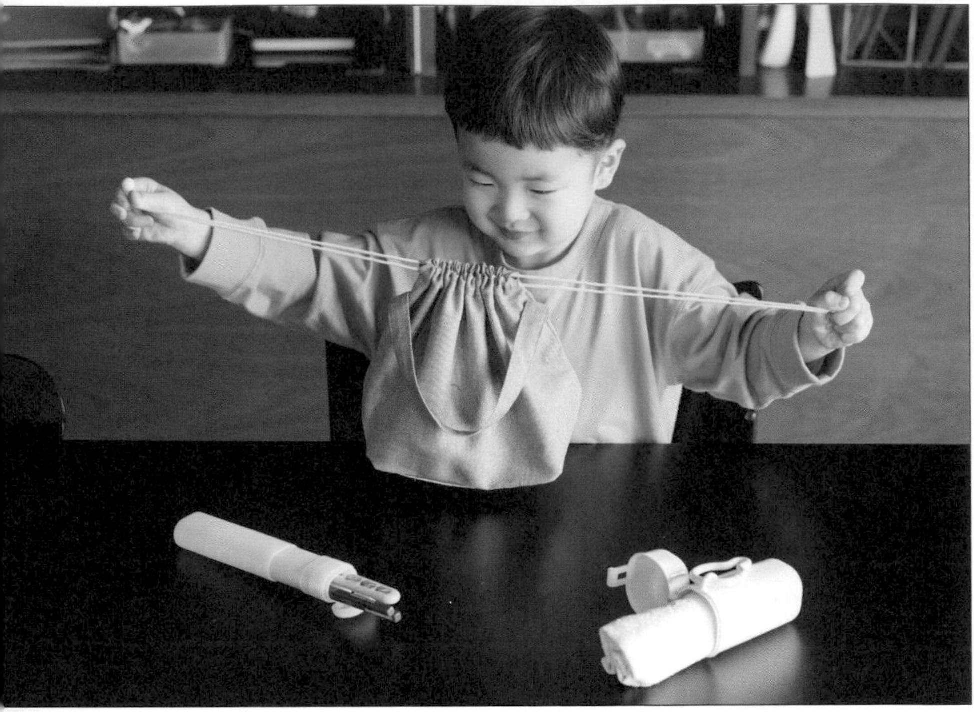

一體成型的餐具組

我選擇了孩子自己就能收拾、用餐的便當餐具組。這款便當袋只要拉繩子，提手就會垂下，輕鬆好拿。溼毛巾盒的蓋子一體成型，不必取下。餐具盒則可調整高度。

牛津布便當袋、午餐溼毛巾組、可調整高度餐具盒（第二三九頁）

用ㄈ字形的架子收納鞋子

鞋櫃分成前半跟後半，前半放常穿的鞋子。由於手一下就能搆到，孩子也能自行拿取和收納。後半放涼鞋等特定季節或場合才會穿的鞋款。為了省去將前面鞋子挪開的麻煩，我用ㄈ字形的架子將後半疊高。

壓克力隔板／小〔第二二二頁〕

用不織布分隔袋，守護回憶

關於孩子的畫作或美勞作品，我會定期與家人討論，把要留下的收進箱子。箱裡用不織布分隔袋區隔，把每個孩子的東西分開擺放。柔軟的不織布很適合收納立體的東西，也能調整容量。箱子非常堅固，大人坐在上面也不會塌陷。

耐壓收納箱／大／5A、可調整高度的不織布分隔袋／中／2 入〔p.221〕

透明夾鍊袋的四種妙用

避免地圖、骰子遺失

大富翁的骰子、棋子非常零碎，容易搞丟。用EVA夾鍊收納袋／A4（第二二三頁）裝在一起，就能立起來收納。

不再浪費折價券、集點卡

用EVA夾鍊收納袋／B7（第二二三頁）把店家的折價券和集點卡集中起來，迅速一拿就能出門。

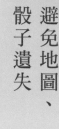

等上菜或要打發時間時，開心畫畫

出外吃飯時，我會攜帶放入原子筆和空白筆記本的EVA夾鍊收納袋／B6（第二二三頁），讓家人在排隊、等上菜時，可以開心畫畫。

隨時補充OK繃

各種尺寸、圖案的OK繃用透明EVA夾鍊收納袋／B7裝好，帶在身上，哪種不夠一目瞭然，夾鍊袋很輕薄，收納也不占空間。

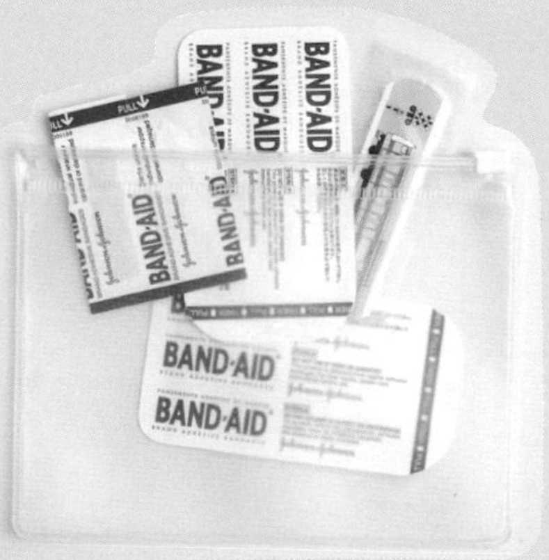

PART 6

世界這麼煩，當然要對自己好

刷牙、保養、睡覺……當我心情煩躁時，就會更用心做這些例行公事，或者嘗試以前沒接觸過的新事物。

好好愛自己，專注於一件事情，身心就會逐漸改變，等到回過神來，煩躁感也就煙消雲散。

不只收納，無印還有牙齒保健品

每天早上幫孩子們刷完牙後，我就會開始打理自己。從刷牙、洗臉、化妝到整理頭髮，不過，想要刷得更乾淨時，我會改用電動牙刷。

居家防疫期間不能隨時出門看醫生，所以我比以往更重視牙齒保健，希望藉由居家保養，避免蛀牙或牙周病……於是音波電動牙刷（牙刷另售）（第二二八頁）便成了我的好幫手。它可搭配無印良品的牙刷（第二三二頁）來使用，替換起來經濟實惠。

只要抵在牙齒上，牙刷就會自動清潔起來，一邊想著「今天會很忙」、「下個案子不曉得怎麼樣？」也沒問題。新的一天便由此開始。

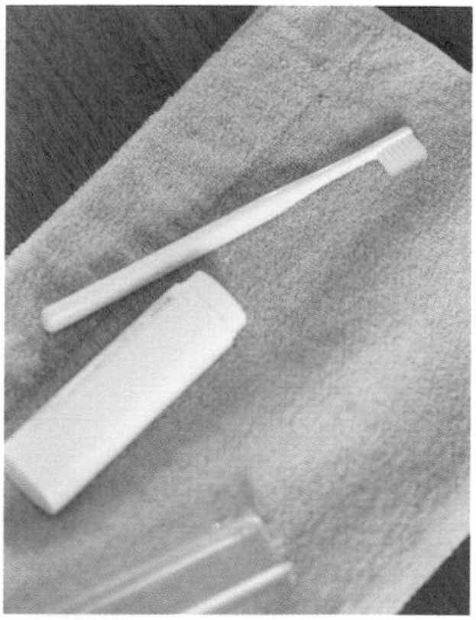

只要把音波電動牙刷專用的刷頭插入本體，就能使用。它的外型就是普通牙刷，沒有太多裝飾。附有蓋子，方便攜帶。

山毛櫸髮梳，不掉髮又滑順

不能隨心所欲上髮廊後的某一天，我照鏡子時突然發現，髮型真的會影響一個人的形象。

產後我一直為掉髮所苦，也很在意毛躁，所以洗澡完都會塗抹護髮精華素（第二三一頁），讓頭髮柔順有光澤。柑橘類的清爽芬芳令人幸福無比，可以甜甜的睡個好覺。

此外，早晚我也會仔細梳頭，尤其偏好混合毛款的山毛櫸髮梳清潔刷（第二三一頁）。用兩種尼龍毛製成的梳子，不僅能將頭髮滑順的梳

照片中左邊的刷子是山毛櫸髮梳清潔刷〔p.231〕，插入梳子裡輕輕一刷，就能將卡在細縫間的毛髮和灰塵清出。

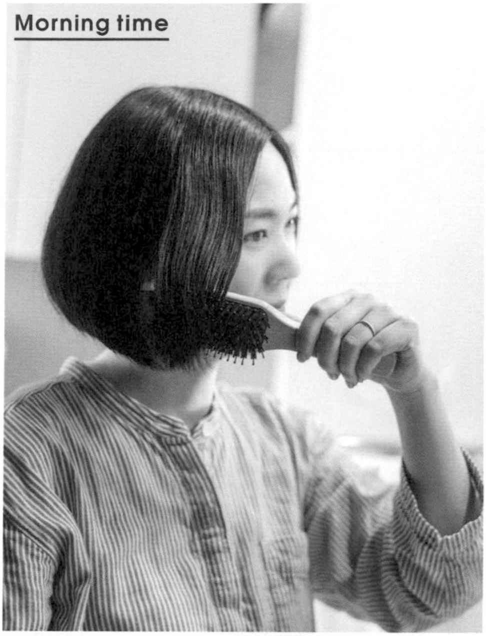

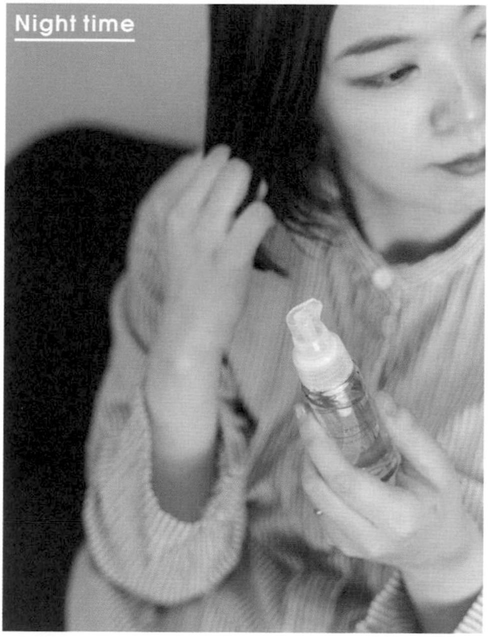

開，握柄也很好拿，十分輕巧。

只要將髮型整理好，整個人就會很有精神，連心情也會變好。開線上會議時，也能充滿自信。

懶人一定要擁有的保養品

我已經有十年都只用防晒潤飾隔離霜，再輕輕撲一點蜜粉當作底妝。不過，也因為皮膚狀況一不好，就會非常明顯，所以我很注重保養。

例如，洗面乳得直接抹在臉上，當然要選品質好的，但也必須經濟實惠，用起來才不心疼……MUJI 敏感肌泡沫洗面乳（第二三〇頁）則是兩者兼具。

這款洗面乳只要按壓一下，就能擠出慕斯狀的泡沫，因此非常適合忙碌的上班族。而且，不含酒精和防腐劑，敏感肌也能安心使用。此外，還富含天然保溼成分，讓肌膚水嫩有彈性。

化妝水則採用礦物質含量低的溫和泉水，一擦到臉上，就會感覺到水分滲透進肌膚。除了保濕效果很好，能充分滋潤肌膚，價格也很划算。

兩者我都是在早上使用，趁著化妝前把妝容的基礎——肌膚調整到最佳狀態。

「不必花時間起泡，
立刻就能使用。」

MUJI 敏感肌泡沫洗面乳

「使用超軟水，
能瞬間滲透肌膚。」

MUJI 敏感肌化妝水
（保溼型／大容量）

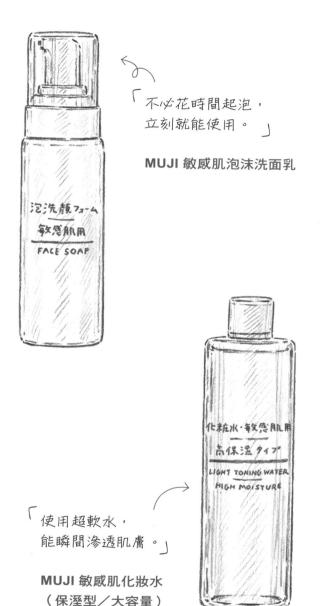

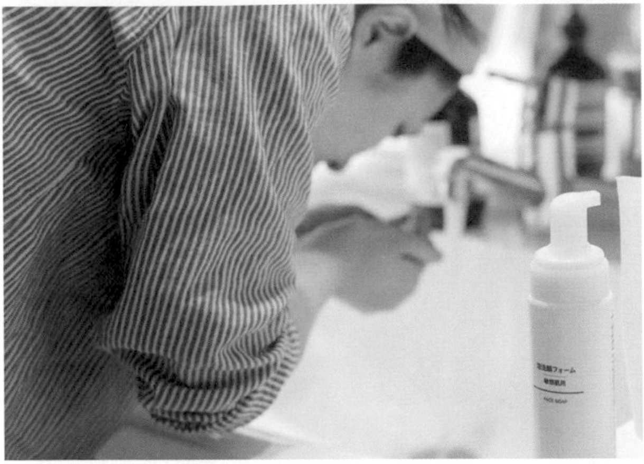

忙碌的早晨只要洗洗臉，肌膚就能水嫩光滑

細緻的泡沫會包覆肌膚，帶走毛孔深處的髒汙。另有販售補充包，罐子可重複使用，相當環保。

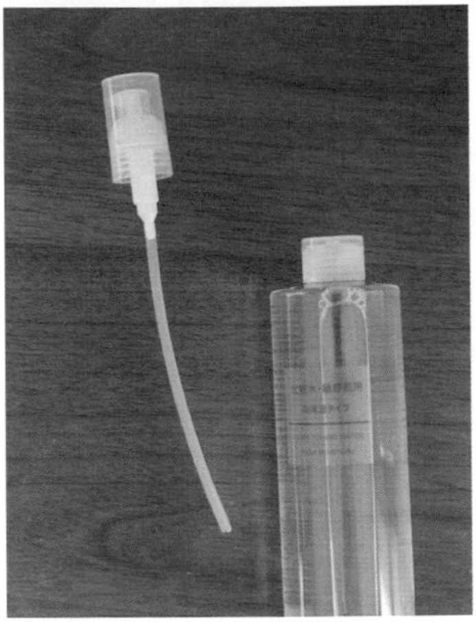

將化妝水的瓶蓋取下，裝上壓頭〔p.230〕，按一下就能將化妝水迅速擠到手中，可省去拿瓶子的步驟。

（每週敷兩次保溼面膜）

我會在一個人泡澡的日子敷保溼面膜（大容量）〔p.230〕。面膜吸飽了精華液，能讓肌膚光滑水嫩。

無印人必備三種健身配備

在家裡悶久了，身心都容易陷入低潮，就連產後舊疾的腰痛都復發了。於是，我開始健身，決定好好培養肌耐力！

我買了抗UV吸汗速乾聚酯纖維短袖T恤（第二二八頁）、吸汗速乾聚酯纖維彈性錐形褲（第二二八頁）。這系列的衣服彈性適中，即使流汗，也不會黏在身上令人不舒服。

此外，我也更注重體態和飲食，每天早上都會量體重計（第二二五頁），不用插電，站上去就能測量。飲食方面則加強攝取蛋白質，有時也會在沙拉裡加入豆製肉丸。

開始運動後約八個月，現在的我越來越能察覺出身體的毛病，不再煩躁憂鬱。健身令我充滿成就感，身心狀況都比以前更好了。

運動、飲食、管理體重。要做的事情雖然變多了，但新的挑戰也令我重新鼓起幹勁。右下角的體重計功能單純，只能量體重，但也因此很輕巧，拿取都方便，完全不占空間。

庫塔上衣搭配緊身褲，一年四季都舒服

下頁照片中的有機棉無側縫二重紗織庫塔上衣（第二二八頁），也是我的愛用品之一。由於都待在家裡，我變得更重視衣服的舒適度，便嘗試了連身睡衣裙。

我們一家都很早洗澡，含睡眠時間在內，一天至少有一半的時間都穿著睡衣。這件庫塔上衣非常親膚，穿著起來很舒適，而且版型寬鬆，不會太貼身，睡覺時衣服也不會掀起來。有機棉彈性天竺全長緊身褲則是我的愛用款，它的褲襠很深，能溫柔的包覆腹部，連腳踝都能保暖，而且厚度適中，一年四季都可穿。

庫塔非常適合搭配緊身褲，這樣的打扮再套一件上衣，就能當作日常便服，送孩子出門或者倒垃圾都沒問題。

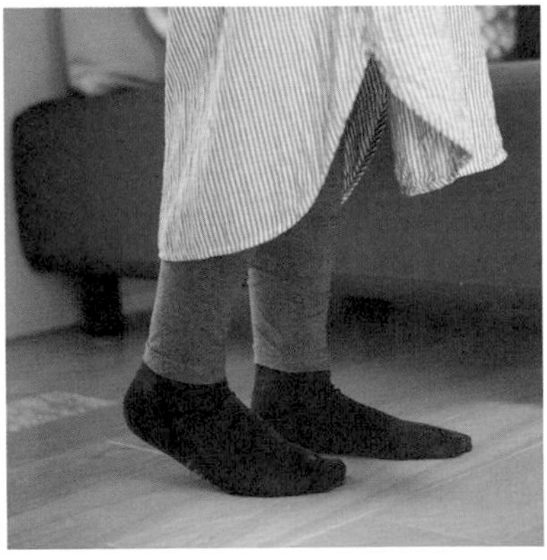

我的肌膚很敏感，對金屬也過敏。之所以選擇無印良品的庫塔和緊身褲，就是因為棉質很柔軟，不太刺激皮膚。緊身褲的鬆緊度剛好，穿起來相當舒適。

灰鴨毛羽毛薄被，輕卻很保暖

我家寢室是「睡覺專用」的，只有放床和加溼器，避免睡前分心。

一夜好眠的關鍵在於棉被。家人對冷、熱的感受不同，各有偏好。諸多嘗試後，我發現灰鴨毛羽毛薄被（第二二四頁）最萬用。

這款被子雖然輕薄，卻很保暖，加上被套後會多一層空氣，更加暖和。搭配其他寢具，就能從秋天用到春天。被

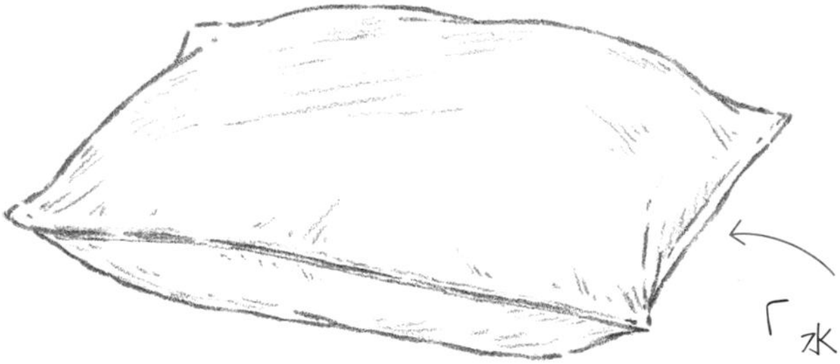

「水鳥羽毛
輕柔又鬆軟。」

羽毛枕

芯面料是薄薄的聚酯纖維，輕盈柔軟。

枕頭我選擇了全家都喜愛的柔軟羽毛枕（第二二四頁）。水鳥羽毛非常柔軟，能溫柔包覆頭部，讓人睡得香甜。無印良品的枕頭有不同高度、硬度，可依配合個人喜好挑選。

整天待在家避免外出而時，我們會比平常更早入睡，睡眠時間也拉長。令我深深慶幸，還好有堅持依照家人的喜好，找到合適的寢具！

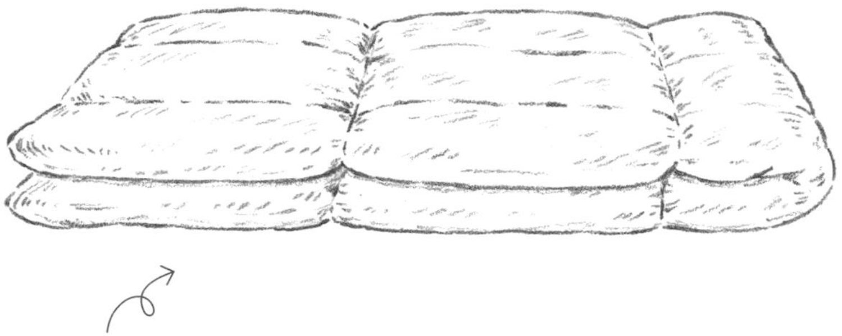

「輕薄卻很保暖。」

灰鴨毛羽毛薄被

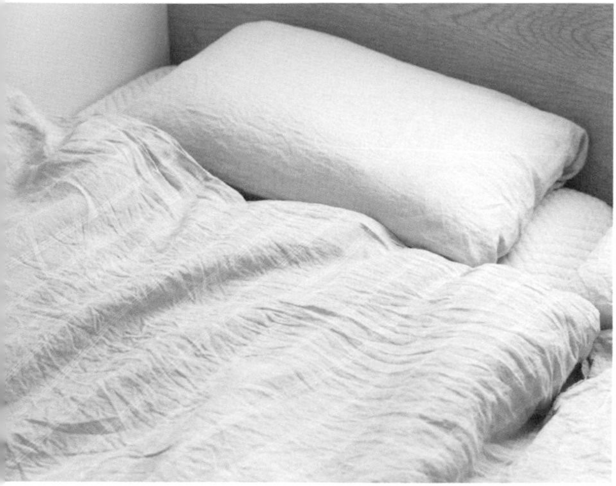

溫柔包覆頭部，迅速進入夢鄉

軟綿綿的非常舒服，能溫柔支撐住頭部和脖子，安心睡個好覺。躺上去之後會緩緩下沉，適合喜歡低枕頭的人。

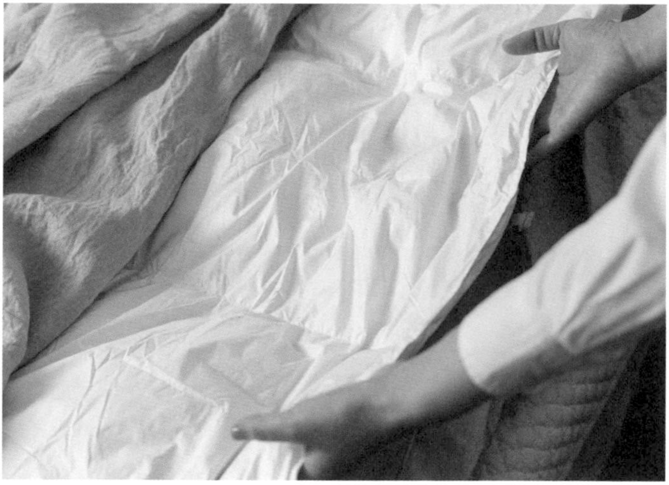

怕熱、怕冷都沒問題，可調節溫度，全家都舒適

保暖度剛剛好，方便搭配其他寢具。夏天可當作冷氣房涼被，秋天到春天則加上棉質毛毯。亞麻平織被套／S／原色〔p.224〕一年四季皆適用。

用清爽的棉鬆餅紋薄毯，避免夏天流滿身汗

先生容易流汗，所以夏天他是蓋棉鬆餅紋毛巾毯〔p.224〕。凹凹凸凸的布料接觸身體的面積較小，即使流了汗，蓋起來也很清爽，而且觸感柔軟，能舒服睡個好覺。

加溼器滴精油，避免喉嚨乾燥

空氣乾燥的季節，我會在睡前把加溼器打開，滴一些精油／胡椒薄荷〔p.231〕，能滋潤喉嚨，隔天早上就會舒服許多。

裝遮光窗簾，早上再睡 5 分鐘

為了避免陽光穿透窗簾，打斷睡眠，我安裝了遮光窗簾。蕾絲窗簾則是選擇隔熱款，避免西晒。兩者都是在無印良品訂製的。

寢室不放床邊櫃、檯燈與故事書。為了優良的睡眠品質，我會精心挑選棉被、枕頭、被套，調整寢室環境。

連無印人都先留著自用的 182 款居家好物！

無印好物 × 我的新生活

此單元網羅了無印良品（部分為 IDÉE）的經典單品，
從家事收納，到飲食、睡眠、美容、時尚、療癒、防災等方面，一應俱全。

＊商品照之說明依序為：商品名稱、尺寸容量、售價、刊登頁數。

＊商品照之縮放比例不等於實物比例。

＊規格、含稅價格為撰稿時的資訊，實際價格請依官方網站、門市販售之最新資訊為準。

＊臺灣無販售之商品，僅標示日圓價格。

收納用品

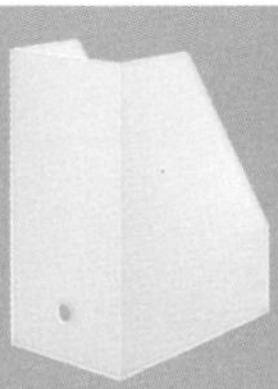

聚丙烯立式斜口檔案盒・寬・A4

寬 15×深 27.6×高 31.8 cm 售價 269 元／p.171、p.187

聚丙烯立式斜口檔案盒・A4

寬 10×深 27.6×高 31.8 cm 售價 169 元／p.154、p.157、p.171、p.187

聚丙烯檔案盒・標準型・寬・1／2

寬 15×深 32×高 12 cm 售價 169 元／p.27、p.55、p.114-p.116、p.131

聚丙烯檔案盒・標準型・A4 用

寬 10×深 32×高 24 cm 售價 169 元／p.134、p.153

聚丙烯摺疊分隔盒・3 入／寬 15cm 用

售價 39 元／p.128-p.131

聚丙烯檔案盒用（隔間小物盒）

寬 9 深 4×高 5 m（尺寸不含掛鉤）售價 39 元／p.134-p.135

聚丙烯檔案盒用（小物盒）

寬 9×深 4.2×高 10 cm（尺寸不含掛鉤）售價 49 元／p.134-p.135

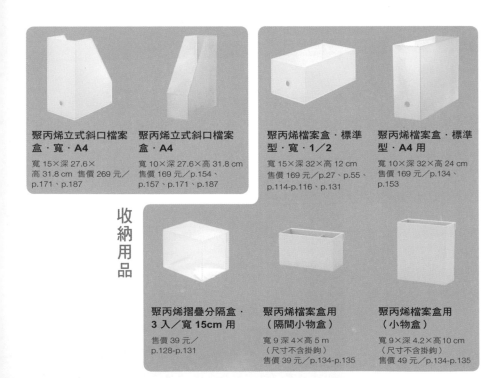

PP 搬運箱／小／附扣

寬 25.5×深 37×高 16.5 cm
¥ 890／p.171
※臺灣現無販售。

PP 資料盒／橫式／薄型

寬 37×深 26×高 9 m
售價 299 元／p.155-p.157

PP 衣裝盒／橫式／小

寬 55×深 44.5×高 18 m
售價 639 元／p.117-p.120、p.123

PP 衣裝盒／小

寬 34×深 44.5×高 18 cm
售價 499 元／p.117-p.120

聚丙烯小物收納盒／6 層

寬 11×深 24.5×高 32 cm
售價 750 元／
p.148-p.150、p.154

縱橫皆可連接聚丙烯平台車

寬 27.5×深 41×高 7.5 cm
售價 600 元／p.155-p.157

耐壓收納箱／大／5A

寬 60.5×深 39×高 37 cm
售價 680 元／p.199

可調整高度的不織布分隔袋／中／2 入

寬 15×深 32.5×高 21 cm
售價 280 元／p.199

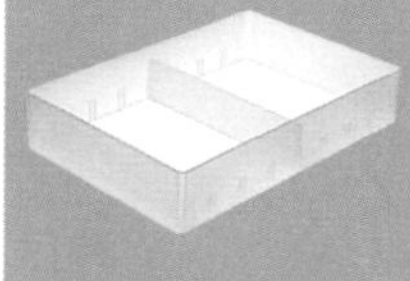

PP 抽屜整理盒 4

寬 13.4×深 20×高 4 cm
售價 59 元／p.132-p.133、p.152-p.153、p.176、p.183

PP 抽屜整理盒 3

寬 6.7×深 20×高 4 cm
售價 49 元／p.183

PP 抽屜整理盒 2

寬10×深 20×高 4 cm
售價 59 元／p.153-p.154、p.181、p.183

PP 化妝盒

寬 15×深 22×高 16.9 cm
售價 109 元／p.56-p.58

PP 化妝盒／棉棒・急救品

寬 10.7×深 7.2×高 7.7 cm
售價 49 元／p.162、p.172、p.181

PP 化妝盒 1／4 橫型

寬 15×深 11×高 4.5 cm
售價 49 元／p.83

PP 化妝盒 1／2 橫型

寬 15×深 11×高 8.6 cm
售價 59 元／p.62、p.114-p.116、p.128-p.131、p.140-p.141

PP 化妝盒 1／2

寬 15×深 22×高 8.6 cm
售價 99 元／p.62、p.162

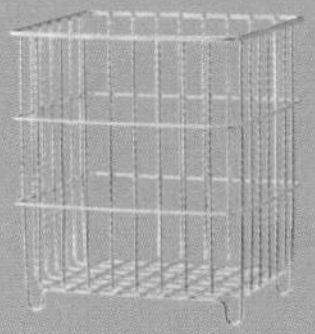

不鏽鋼收納籃／寬 15 cm

寬 15×深 13×高 18 cm
售價 510 元／p.92

PP 整理盒 4

寬 11.5×深 34×高 5 cm
售價 49 元／p.56-p.60、p.63-p.65、p.176

PP 整理盒 3

寬 17×深 25.5×高 5 cm
售價 59 元／p.59、p.172

PP 整理盒 2

寬 8.5×深 25.5×高 5 cm
售價 49 元／p.172

壓克力手機小物架／大

寬 16.8×深 8.4×高 9 m
售價 350 元／p.125-p.127

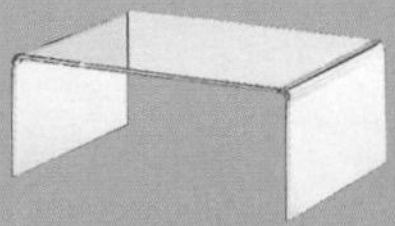

壓克力隔板／小

寬 26×深 17.5×高 10 cm
售價 199 元／p.33、p.63-p.65、p.199

壓克力間隔板／3 間隔

寬 26.8×深 21×高 16 cm
售價 469 元／p.50、p.124、p.177-p.180

壓克力間隔板／3 間隔

寬 13.3×深 21×高 16 cm
售價 329 元／p.50

PET 慕斯瓶／透明

400 ml 用
售價 129 元／p.91

PET 補充瓶／透明

400 ml 用
售價 89 元／p.91

可堆疊壓克力盒・桌上型・間隔板

寬 5.8×深 8.4×高 5.7 cm
售價 90 元／p.83

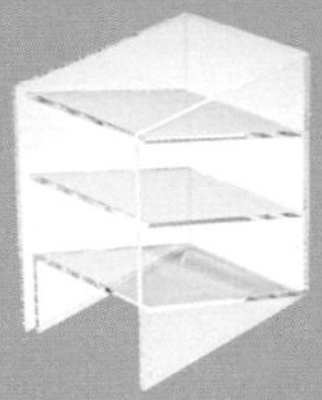

壓克力小物收納架／斜口

寬 8.8×深 13×高 14.3 cm
售價 350 元／p.125-p.127

軟質聚乙烯收納盒／中

寬 25.5×深 36×高 16 cm
售價 219 元／p.90

軟質聚乙烯收納盒／半／中

寬 18×深 25.5×高 16 cm
售價 179 元／p.23、p.34、p.166-p.168

棉麻聚酯收納箱／長方形／中

寬 37×深 26×高 26 cm
售價 229 元／p.34、p.166-p.170、p.175-p.176

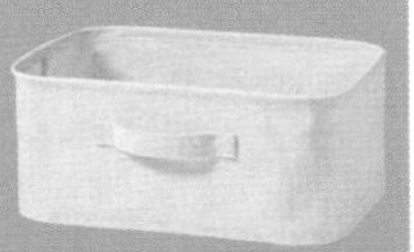

棉麻聚酯收納箱／長方形／小

寬 37×深 26×高 16 cm
售價 229 元／p.74、p.176

EVA 夾鍊收納袋／A4

¥150／p.193、p.200
※臺灣現無販售。

EVA 夾鍊收納袋／A5

售價 45 元／p.193

EVA 夾鍊收納袋／B6

售價 40 元／p.80-p.81、p.201

EVA 夾鍊收納袋／B7

售價 30 元／p.200-p.201

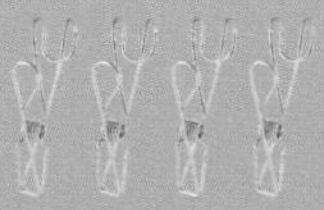

不鏽鋼絲夾／掛鉤式 4 入／7A

寬 2×深 5.5×高 9.5 cm
售價 119 元／p.61、p.92

不鏽鋼防橫搖分岔掛鉤

寬 6×深 7.5×高 12 cm
售價 200 元／p.92

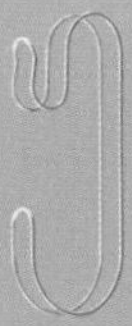

不鏽鋼防橫搖雙鉤掛鉤

寬 1.5×深 4.5×高 12 cm
售價 160 元／p.184-p.186

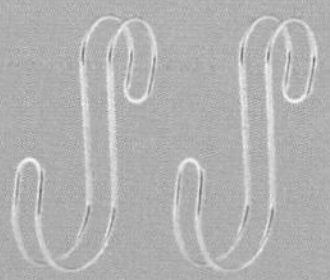

S 掛鉤／防橫搖型／小／2 入

約 5 cm×1×9.5 cm
售價 140 元／p.184-p.186

鋁製 S 掛鉤／長型

寬 10×高 20 cm
售價 90 元／p.93

聚酯纖維吊掛小物收納袋

黑・縱 12×橫 18 cm
售價 299 元／p.163

鋁製領帶架／3S

寬 7×高 23.5×深 5 cm
售價 140 元／p.122

不鏽鋼攪拌器／小

寬 3.5×長 21.5 cm
售價 99 元／p.51、p.53

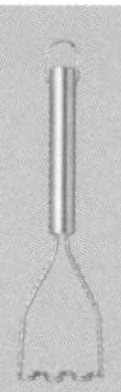

不鏽鋼搗碎器／6S

寬 5×長 20 cm
售價 169 元／p.53

矽膠果醬匙

全長 19 cm
售價 129 元／p.51

矽膠料理匙

全長 25 cm
售價 169 元／p.23、p.38、p.44-p.47、p.50-p.51

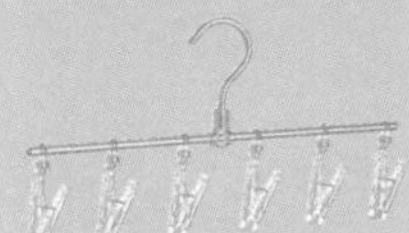

鋁製直線衣架／6 夾

寬 35 cm
售價 170 元／p.74

鋁製洗滌用衣架／3 支組

寬 42 cm
售價 99 元／p.23、p.32、p.37、p.73-p.75、p.122

桌上型掃帚／附畚箕

寬 16×深 4×高 17 cm
售價 99 元／p.23、p.70-p.72

分裝瓶清潔刷／小

¥250／p.89
※日本限定販售。

鞋油／附擦拭布

45 ml・無色
售價 200 元／p.91

山毛櫸鞋油刷

豬毛・約寬 5×長 12 cm
售價 200 元／p.91

PP 水桶・附蓋／7.5L

寬 31×深 29×高 20 cm
售價 159 元／p.197

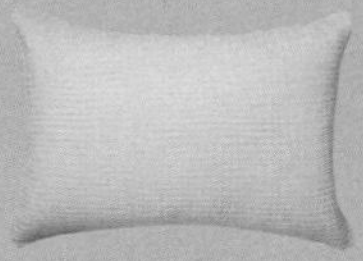

棉質三重紗枕套／灰

縱 43×橫 63 cm 用
¥990／p.136
※日本限定販售。

羽毛枕

縱 43×橫 63 cm 用
售價 299 元／p.136、p.215-p.217

亞麻平織被套／S／原色

縱 150×橫 210 cm 用
售價 2,310 元／p.217
※臺灣現無販售。

灰鴨毛羽毛薄被

縱 150×橫 210 cm
售價 3,290 元／p.216-p.217

棉圈絨面用巾／薄型／墨灰

寬 34×長 85 cm
售價 119 元／p.76-p.77

棉圈絨面用巾／薄型／米色

寬 34×長 85 cm
售價 119 元／p.76-p.77

棉圈絨面用巾／薄型／柔白

寬 34×長 85 cm
售價 119 元／p.76-p.77

棉鬆餅紋毛巾毯／S／柔白

縱 140×橫 200 cm
售價 300 元／p.218

家具・家電

柚木沙彌郎設計 IDÉE Daily Cloth（IDÉE）

寬 35×長 90 cm、藍綠直條紋／¥1,980／p.88
※日本限定販售。

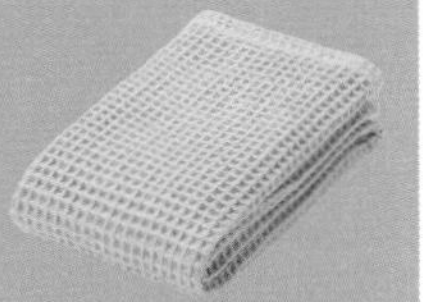

棉鬆餅紋面用巾／薄型

寬 34×長 85 cm
¥590／p.23、p.77
※日本限定販售。

SUS 交叉桿／大

寬 84 cm 用
售價 200 元／
p.173-p.176、p.186

松木組合架／層板／86cm 用

寬 86×深 39.5 cm 型
¥ 2,490／p.173-p.176、p.186
※日本限定販售。

松木組合架／層架／中

高 120×深 39.5 cm 用
¥ 2,990／p.186
※日本限定販售，臺灣為胡桃木、橡木。

松木組合架／層架／小

高 83×深 39.5 cm 用
¥ 2,490／p.173-p.176
※日本限定販售，臺灣為胡桃木、橡木。

簡約圓椅／深灰

寬 48×深 50×高 82（座面高 46）cm
售價 3,170 元／p.23、p.157

松木矮桌／可折疊

寬 80×深 50×高 35 cm
售價 2,100 元／p.41

手邊照明折疊燈

寬 7.5×深 10.5×高 27 cm
¥8,890／p.39、p.177-p.180 ※日本限定販售。

指針式壁鐘／大／白

直徑 26.4×深 4.5 cm
售價 1,930 元／
p.146-p.147

體重計

寬 26.5×深 20.8×高 3.5 cm
售價 1,590 元／
p.211-p.212

食器

兒童瓷碗／中

直徑 11 cm
¥450／p.66
※日本限定販售。

兒童瓷碗／小

直徑 9.5 cm
¥350／p.66
※日本限定販售。

不鏽鋼餐具／點心叉

全長 16 cm
售價 69 元／p.106-p.107

不鏽鋼餐具／點心匙

全長 16 cm
售價 99 元／p.106-p.107

竹筷子 10 雙組

全長 23 cm
售價 129 元／p.36、p.66

山毛櫸木製餐桌匙

全長 18 cm
售價 210 元／p.36、p.97
※臺灣現無販售。

木製深盤

直徑 16×高 3.5 cm
售價 299 元／p.48

玻璃缽／小

直徑 15 cm
售價 120 元／p.138

美濃燒蕎麥豬口杯（Found MUJI）

直徑 8.1 × 高 6.5 cm
¥590／p.40、p.108
※日本限定販售。

兒童餐杯

140 ml
¥250／p.66
※日本限定販售。

不鏽鋼保溫杯

350 ml
售價 499 元／p.89

益子燒蕎麥豬口杯（Found MUJI）

黑釉 直徑 8.5×高 6.5 cm
¥990／p.108
※日本限定販售。

萬古燒蕎麥豬口杯（Found MUJI）

白釉 直徑 8×高 6.5 cm
¥990／p.40、p.108
※日本限定販售。

食品

豆製肉丸

80 g（1 人份）
¥290／p.212
※日本限定販售。

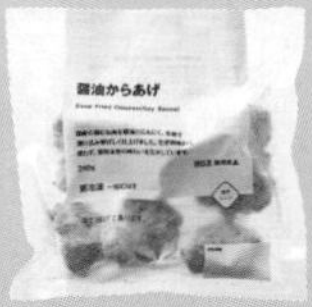

醬油炸雞

240 g
¥350／P.34
※日本限定販售。

鮭魚五穀米飯糰

400 g（80 g×5 個）
¥490／p.23、p.34
※日本限定販售。

速食湯拌飯／
芝麻味噌擔擔湯

180 g（1 人份）
¥290／p.97
※日本限定販售。

速食湯拌飯／
韓式辣牛肉野菜湯

180 g（1 人份）
¥290／p.36、p.97
※日本限定販售。

異國咖哩速食包／
蘋果蔬菜

180 g（1 人份）
¥290／p.87、p.105
※臺灣現無販售。

異國咖哩速食包／
奶油口味雞肉

180 g（1 人份）
售價 130 元／p.23、
p.87、p.105

發酵糠床

1 kg
¥890／p.55
※日本限定販售。

沖泡湯塊
（茄子菠菜味噌湯）

4 個
售價 140 元／
p.23、p.87

沖泡湯塊
（豬肉味噌湯）

4 個
¥390／p.87
※日本限定販售。

沖泡湯塊
（秋葵野菜）

4 個
售價 140 元／p.87
※臺灣現無販售。

秤重零嘴／
巧克力大豆

1 g
¥4（至少 20 g）／p.29
※日本限定販售。

秤重零嘴／
草莓巧克力棉花糖

1 g
¥4（至少 20 g）／p.29
※日本限定販售。

秤重零嘴／
開心果香草餅乾

1 g
¥4（至少 20 g）／p.29
※日本限定販售。

秤重零嘴／
可可香草餅乾

1 g
¥4（至少 20 g）／p.29
※日本限定販售。

低咖啡因伯爵茶茶包

20 g（2 g×10 包）
¥390／p.40
※日本限定販售。

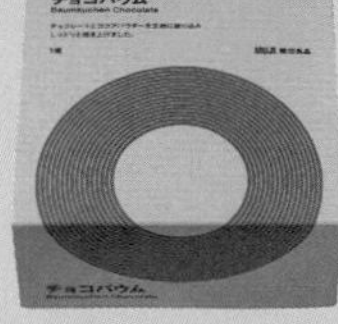

巧克力年輪蛋糕禮盒

1 個
¥790／p.104
※日本限定販售。

秤重零嘴／
蕃茄米果

1 g
¥4（至少 20 g）／p.29
※日本限定販售。

低糖零食／一口檸檬瑪德蓮蛋糕

5 個
¥120／p.105
※日本限定販售。

低糖零食／費南雪蛋糕

1 個
¥120／p.105
※日本限定販售。

低糖零食／香蕉年輪蛋糕

1 個
¥120／p.105
※日本限定販售。

低糖零食／巧克力甜甜圈

1 個
¥120／p.105
※日本限定販售。

服飾

POOL IROIRO NO FUKU 外套（IDÉE）

白 ¥15,400／
p.37、p.78-p.79
※日本限定販售。

POOL IROIRO NO FUKU 包覆半身裙（IDÉE）

卡其 ¥8,800／
p.37、p.78-p.79
※日本限定販售。

有機棉水洗牛津布立領襯衫

白 售價 599 元／
p.37、p.78-p.79

女有機棉混彈性天竺全長緊身褲

鐵灰 售價 300 元／
p.41、p.213-p.214

有機棉無側縫二重紗織庫塔長上衣

深藍×直條紋 ¥3,990／
p.40-p.41、p.213-p.214
※臺灣現無販售。

抗 UV 吸汗速乾聚酯纖維短袖 T 恤

深藍 售價 399 元／
p.212

吸汗速乾聚酯纖維彈性錐形褲

深藍 售價 790 元／
p.211-p.212

聚乙烯托特包

淺米
寬 53×高 36×深 19 cm
售價 149 元／p.82-p.83

聚乙烯迷你托特包

淺米
寬 45×高 26×深 19 cm
售價 119 元／p.82-p.83

有機棉毛巾手帕

深藍
縱 25×橫 25 m
售價 69 元／p.89

兒童棉混輕鬆活動舒適拼接丹寧錐形褲

KIDS（110-150）・深藍
售價 750 元／p.22、p.194-p.195

兒童有機棉天竺橫紋短袖 T 恤

KIDS（110-150）・深藍
售價 159 元／p.22、p.194-p.195

聚酯纖維尿布收納包

深藍
寬 23×高 17×深 10 cm
售價 799 元／p.197

可減輕肩膀負擔撥水加工聚酯纖維後背包

深藍
側寬 14×高 43×深 32 cm
售價 799 元／p.86

兒童用品

可調整高度餐具盒

高度可 7 段調整
¥690／p.198

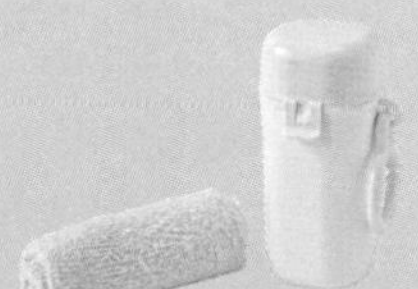

午餐溼毛巾組

攜帶盒：寬 6×深 6×高 12 cm
溼毛巾 1 條
¥890／p.198

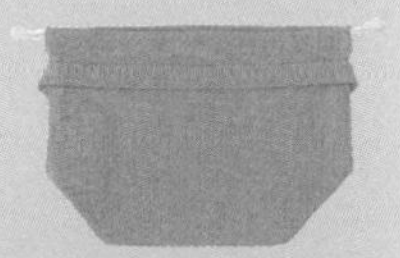

牛津布便當束口袋

淺藍
售價 150 元／p.198

文具

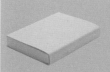

牛皮筆記本（Found MUJI）

深褐・160 張（縱 10.5×橫 15 cm）¥950／p.139
※日本限定販售。

牛皮筆記本（Found MUJI）

米灰・160 張（縱 10.5×橫 15 cm）¥950／p.139
※日本限定販售。

筆記本（空白）

線裝・30 張・A5・米
售價 32 元／p.22、p.182

再生紙週刊誌漫畫筆記本・迷你

A5・88 張 ¥100／p.36、p.158-p.159
※日本限定販售。

磁鐵片

寬 19×深 0.4×高 3 cm
售價 59 元／p.68-p.69

鋼製書架隔板・中

寬 12×深 12×高 17.5 cm
售價 95 元／p.61

壓克力夾板／A4 用

寬 22×高 31 cm
售價 145 元／p.39、p.133

PP 兩段式鉛筆盒

寬 21×深 7×高 2.5 cm
售價 69 元／p.36

PP 薄型口袋收納夾 A4

售價 89 元／p.163

PP 薄型收納夾／筆記本封套

A5／寬・6 口袋
售價 59 元／p.152

塗鴉紙捲

寬 43.5 cm、全長 25 m
售價 390 元／p.39、p.188-p.190

摺紙

15 cm 方形・27 色・80 張入
售價 30 元／p.137、p.188-p.191

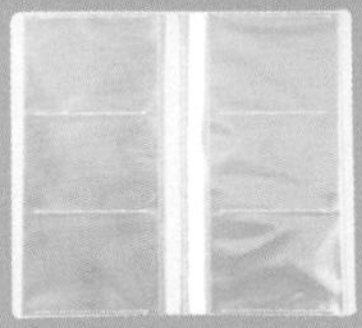

PP 高透明相本／3 段

3 ×5 吋・132 張用・附口袋 ¥390／p.197
※臺灣最多至 2 段（136 張、56 張），售價分別為 109 元、79 元。

擦擦筆

黑・0.5 mm
¥150／p.22、p.145
※日本限定販售。

附裁線紙膠帶

空白
寬 15 mm・全長 9 m・裁線間距 1 cm
售價 70 元／p.68-p.69

待辦事項索引便利貼

3 色・各 10 張・共 30 張
售價 75 元／p.144-p.145

壓克力透明尺

15 cm
售價 30 元／p.182

不易起皺膠水

35 g
售價 60 元／p.182

健康與美容

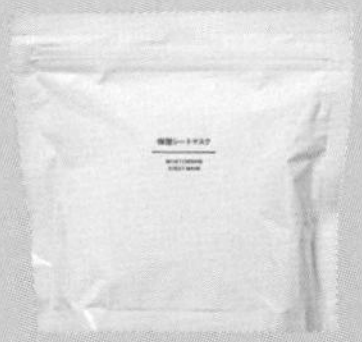

保溼面膜（大容量）

240 ml・30 入
售價 299 元／p.210

壓頭（化妝水・乳液用）

售價 80 元／p.210

MUJI 敏感肌化妝水（保溼型）

400 ml
售價 329 元／p.22、p.208-p.210

MUJI 敏感肌泡沫洗面乳

200 ml
售價 330 元／p.208-p.210

打底眼彩

1.8 g
售價 210 元／p.102

眼彩／玫瑰棕

2.3 g
¥650／p.102
※臺灣無此色號。

4 色眼彩／棕

4.5 g
售價 280 元／p.22、p.102

彩妝盤／SS

寬 11.1×深 4.1×高 1.5 cm
¥750／p.100-p.101
※臺灣僅販售 S，售價為 350 元。

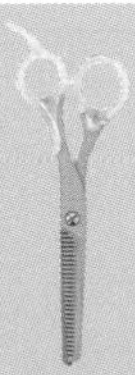

不鏽鋼打薄剪刀

全長 15.5 cm
售價 510 元／p.192-p.193

不鏽鋼髮用剪刀

全長 15.5 cm
售價 440 元／p.192-p.193

PET 慕斯分裝瓶

50 ml
售價 89 元／p.80-p.81

攜帶型手指消毒凝膠

50 ml
¥490／p.80
※日本限定販售。

護髮精華素

45 ml
¥1,290／p.207

山毛櫸髮梳清潔刷

全長 6 cm
售價 90 元／p.206

山毛櫸髮梳

混合毛
全長 20 cm
售價 250 元／p.206-p.207

攜帶型矽膠漱口杯

寬 6.5×深 1.2×高 8.2 cm
售價 120 元／p.80

精油／胡椒薄荷

10 ml
售價 990 元／p.218

精油／天竺葵

10 ml
售價 590 元／p.22、p.161

芳香石／附盤／灰

芳香石直徑 6.5×3 cm
盤子直徑 6.3×0.5 cm
售價 230 元／p.160-p.161
※官方名稱為芬香石。

空間芳香油／草本

60 ml
售價 299 元／p.137
※官方名稱為空間芬香油。

筋骨舒緩按摩器

寬 9×深 9×高 9 cm
售價 180 元／p.109-p.111

沐浴錠（洋甘菊）

40 g
售價 35 元／p.109-p.111
※臺灣現無販售。

泡澡劑小包（柚子）

30 g
售價 20 元／p.109-p.111
※臺灣現無販售。

牙刷

白（音波電動牙刷用）
¥190／p.204-p.205

音波電動牙刷（牙刷另售）

寬 2.4×深 3.2×高 20.2 cm
¥2,490／p.204-p.205
※日本限定販售。

白玫瑰花束 S

高約 28 cm、寬約 20 cm
¥3,490／p.22、p.105
※日本網路商店限定。

聚乙烯噴水瓶／小

透明．300 ml
直徑 65×高 191.5 mm
售價 180 元／p.193

可排水花盆托盤

10 號用
¥2,990／p.161
※日本限定販售。

包覆式花盆套

10 號用．不織布
¥1,790／p.160
※日本限定販售。

園藝、避難用品

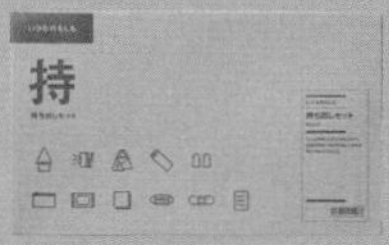

緊急避難包

寬 28×深 6.5×高 16.5 cm
¥3,990／p.84-p.85
※日本限定販售。

卡式爐．迷你用收納盒

寬 29.6×深 10×高 24.4 cm
售價 990 元／p.84-p.85

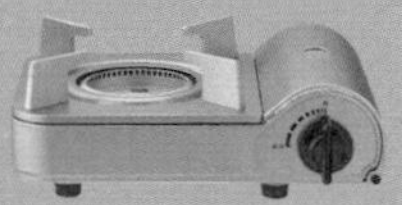

卡式爐．迷你

寬 24.3×深 19.1×高 9 cm
售價 1,990 元／p.84-p.85

後記

二十六年來，無印帶給我的美好記憶

我第一次認識無印良品，是在小學六年級的時候。咖啡色系的店裡，擺了好多樸素的商品，令我覺得這間店好特別！還記得，上小學時，我請爸媽買了銀色罐裝果汁以及一組彩色筆。自那以來，我與無印良品結緣二十六年，甚至有十三年在那裡工作，不知不覺間，它已成為我人生中不可或缺的一部分。不論生活如何變化，無印良品總是陪在我身旁。

無印良品自一九八〇年創立以來，始終站在生活者的角度思考生活。因此，不論在任何時代或模式下，無印良品都能切合消費者的需求。曾在無印良品工作的我，深知那是長年摸索而來的心血結晶。

我進入無印良品後的第一份任務是「觀察」，也就是訪問調查。我拜訪了至少一百三十戶住家，請他們保持家中平常的樣貌，讓我到各個角落拍照、記錄，再依據這些資料來開發商品。這讓我了解到，近距離觀察物品及俯瞰生活，兩種角度缺一不可。而這也成了我成為整理收納師的初衷。

最後，我要感謝所有為本次出版盡力的每一個人。謝謝總是為我加油打氣的眾多粉絲，謝謝總是支持我的先生與三個孩子，謝謝你們。

＊本書刊登之資訊依二〇二一年七月為準，因此商品售價及規格可能有所變動，或是部分商品已下架。

＊參考書中之方法時，請確認自身的居家設計及產品的結構、性質、注意事項，以避免不適用。

國家圖書館出版品預行編目（CIP）資料

我的無印良品新生活：連無印人都先留著自用的 182 款 MUJI 居家好物／水谷妙子著；蘇暐婷譯. -- 初版. -- 臺北市：任性出版有限公司，2022.07
240 面；14.8×21 公分. --（issue；41）
ISBN 978-626-95960-2-7（平裝）

1. CST：家庭布置　2. CST：生活指導

422.5　　111005706

issue 041

我的無印良品新生活

連無印人都先留著自用的 182 款 MUJI 居家好物

作　　者／水谷妙子
譯　　者／蘇暐婷
責任編輯／黃凱琪
校對編輯／連珮祺
美術編輯／林彥君
副總編輯／顏惠君
總 編 輯／吳依瑋
發 行 人／徐仲秋
會計助理／李秀娟
會　　計／許鳳雪
版權專員／劉宗德
版權經理／郝麗珍
行銷企劃／徐千晴
業務助理／李秀蕙
業務專員／馬絮盈、留婉茹
業務經理／林裕安
總 經 理／陳絜吾

出 版 者／任性出版有限公司
營運統籌／大是文化有限公司
臺北市 100 衡陽路 7 號 8 樓
編輯部電話：（02）23757911
購書相關資訊請洽：（02）23757911 分機 122
24 小時讀者服務傳真：（02）23756999
讀者服務 E-mail：haom@ms28.hinet.net
郵政劃撥帳號／ 19983366　戶名／大是文化有限公司

法律顧問／永然聯合法律事務所
香港發行／豐達出版發行有限公司 Rich Publishing & Distribution Ltd
地址：香港柴灣永泰道 70 號柴灣工業城第 2 期 1805 室
Unit 1805, Ph. 2, Chai Wan Ind City, 70 Wing Tai Rd, Chai Wan, Hong Kong
電話：21726513　傳真：21724355
E-mail：cary@subseasy.com.hk

封面設計／季曉彤
內頁排版／顏麟驊
印　　刷／鴻霖印刷傳媒股份有限公司

出版日期／2022 年 7 月初版
定　　價／新臺幣 420 元（缺頁或裝訂錯誤的書，請寄回更換）
I S B N　978-626-95960-2-7
電子書 ISBN／9786269608812（PDF）
9786269608829（EPUB）